PFERDEGESUNDHEIT
KOMPAKT

UTE OCHSENBAUER

Bach-Blüten für Pferde

MIT KOSMOS MEHR ENTDECKEN
GRUNDLAGEN
UND
SEIT 1822

KOSMOS

INHALT

4 Wie (be-)nutzen Sie dieses Buch?

10 Notfälle

13 Bach-Blüten im Pferdealltag Symptome von A–Z

92 Bach-Blüten von A–Z

107 Heimische Blüten-Essenzen von A–Z

110 Service

WIE (BE-)NUTZEN SIE DIESES BUCH?

Bach-Blüten wirken unterstützend und stärkend auf den ganzen Organismus. Sie regen die Selbstheilungskraft des Körpers an, indem sie Psyche und Körper ins Gleichgewicht bringen. Sie helfen uns Menschen, unseren vierbeinigen Freund als Ganzes zu betrachten und uns in ihn hineinzuversetzen. Dabei sind sie nebenwirkungsfrei, fallen nicht unter das Doping-Gesetz und eignen sich hervorragend zur Selbstbehandlung oder zur begleitenden Behandlung, wenn zusätzlich andere Therapieformen eingesetzt werden sollen.

Rescue Remedy, die Notfallmischung

Von allen Bach-Blüten wird die Notfallmischung, die auch als Rescue- oder Notfalltropfen bekannt ist, am meisten benutzt. Ihre ausgleichende, entspannende Wirkung in vielen stressbelasteten Alltagssituationen ist unbestritten. Die Notfallmischung besteht aus fünf Bach-Blüten-Essenzen und ist vielseitig anwendbar. Zusätzlich zur tierärztlichen Behandlung kann man im Notfall auf sie zurückgreifen. Auch in Schocksituationen wirkt diese Mischung stabilisierend.
In allen anderen Situationen sind individuell zusammengestellte Blüten-Rezepturen der Notfallmischung in ihrer Wirkung jedoch überlegen. Für speziellere Problemstellungen gibt es Blüten, die überzeugender und grundlegender wirken, als die Notfallmischung. Wenn statt der angegebenen Blüten-Essenzen auch die Notfalltropfen passen, haben wir diese mit angegeben.

Diagnose und Ursachenforschung

Eine sorgfältige Diagnosestellung und Ursachenforschung sollten der Behandlung mit Bach-Blüten in jedem Fall vorausgehen! Ein Pferd, das beim Satteln beißt, weil sein Sattel nicht passt, wird nach der Einnahme der richtigen Bach-Blüte weiterbeißen. Hier muss erst der Sattel angepasst werden. Will man dem Pferd anschließend helfen, den neu angepassten Sattel positiv aufzunehmen, verkrampfte Muskeln zu lösen und seine Schmerzen zu „vergessen", ist die Stunde für individuell zusammengestellte Bach-Blüten gekommen.
Ein Pferd, das beim Satteln beißt, weil es sich daran erinnert, dass sein gut passender Sattel vor einigen Monaten drückte, bekommt durch die richtige Bach-Blüten-Mischung eine Chance, sein Schmerzgedächtnis zu verlieren und seinen Rücken zu entspannen.

Englische Namen

Gerne hätten wir Bach-Blüten-Essenzen wie Kastanienknospe, Quellwasser, Ackersenf oder Walnuss mit ihren deutschen Namen vorgestellt. Sich unter Chestnut Bud, Rock Water, Mustard oder Walnut etwas vorzustellen, fällt den meisten Lesern schwer. Wenn Sie sich die Blüten-Essenzen bestellen möchten, müssen Sie aber den englischen Namen wissen. Daher haben wir uns an die übliche Schreibweise – die englische – gehalten und die deutsche Übersetzung nur bei der Blüten-Beschreibung im Kapitel Bach-Blüten von A bis Z zusätzlich genannt.

Wie Sie das passende Mittel für Ihr Pferd finden

Erinnern Sie sich an alle wichtigen Details im Verhalten Ihres Pferdes. Wann ist das Problem aufgetreten? Wie würden Sie Ihr Pferd einem Fremden beschreiben? Ist es vorsichtig und friedlich? Bewegt es sich schwungvoll? Welche Stimmung ist typisch für Ihr Pferd? Ist es gereizt? Neugierig? Trübsinnig?

Bach-Blüten-Essenzen sind unkompliziert in der Anwendung. Oft steht eine Mischung mit relativ vielen Blüten am Anfang einer Bach-Blüten-Behandlung. Von Flasche zu Flasche werden es dann weniger Blüten. Anders als bei homöopathischen Mitteln ist es nicht erforderlich, am Ende der Mittelfindung nur noch eine einzige Blüte übrig zu haben. Sie können bis zu 10 Blüten mischen! Werden unter einem Symptom gleich drei Blüten auf einmal genannt, lesen Sie sich die Beschreibung der einzelnen Blüten (ab S. 92) durch und entscheiden Sie, ob Sie alle drei überwiegend typisch für Ihr Pferd finden. Nicht alles, was in der Blüten-Beschreibung steht, muss für Ihr Pferd stimmen, der überwiegende Teil sollte jedoch zurzeit typisch sein. Manchmal passt nur ein einziges Symptom eines Mittels, ist dann aber so typisch für das Pferd, dass das Mittel ebenfalls unbesorgt gegeben werden kann.

Beispielsuche: Zwei Pferde mit Verladeproblemen

Der fünfjährige Fjordwallach Ihrer Freundin macht beim Verladen neuerdings Probleme. Zuvor ging er zügig auf den Anhänger, nun aber steigt er gar nicht mehr ein, und wenn Ihre Freundin ihn höflich, aber bestimmt auffordert, einen Schritt zu machen, schlägt er mit den Vorderbeinen nach ihr. Sie möchten helfen und schlagen unter Verladetraining, Probleme beim Verladen auf S. 85 nach. Dort finden Sie folgende Mittel und Symptome passend:

Mimulus, Star of Bethlehem, Cherry Plum mit der Beschreibung: „Steigt vor dem Hänger, schlägt nach hinten oder vorne aus, hohe Kopfhaltung, nicht zum Einsteigen zu bewegen.“ Sie schlagen die Mittel hinten im Mittelverzeichnis des Buches nach und finden alle drei Mittel überwiegend passend.

Zufällig fällt Ihr Blick auch auf „Chestnut Bud", Rosskastanienknospe, die direkt unter Cherry Plum steht. „Lernblüte, Jungpferdeblüte, vor dem Einfahren oder Anreiten und währenddessen, Konzentrationsschwierigkeiten, Hyperaktivität, wenig Ausdauer, trampeliges, hampeliges oder unruhiges Verhalten am Putzplatz oder beim Reiten, nimmt alles ins Maul, Pferd wirkt jünger, als es ist, langsamer Lerner", das passt ebenfalls für den jungen Wallach. Nun kommt Ihnen die Idee, dass er vielleicht auch aus Überforderung oder Angst nicht in den Anhänger steigt. Sie schlagen beide Stichworte nach und finden bei den Symptomen, die zu dem Pferd passen, beide Male die Mischung Mimulus, Star of Bethlehem. So füllen Sie eine kleine Tropfflasche je zur Hälfte mit Wasser und Brandy auf und geben dann jeweils drei Tropfen Mimulus, Star of Bethlehem, Cherry Plum und Chestnut Bud dazu. Von dieser Mischung bekommt der junge Wallach drei Mal täglich je drei bis fünf Tropfen mit dem Ergebnis, dass er sich nach wenigen Tagen Verladepause wieder gelassen verladen lässt. Ihre Freundin gibt die Mischung noch 10 Tage lang weiter, vergisst dann aber immer häufiger, sie ins Futter zu mischen, und hört schließlich ganz damit auf. Der Wallach geht nach wie vor brav auf den Hänger.

Ihr eigenes Pferd, eine 17- jährige Stute, hatte als junges Sportpferd bei ihrem Vorbesitzer einen Unfall mit dem Pferdehänger und steigt seitdem nur zögerlich ein. Fürs Verladen planen Sie vorsorglich mehrere Stunden ein, da die alte Dame immer wieder rückwärts aus dem Hänger schießt. Nach den wenigen Fahrten, die Sie mit ihr unternommen haben, ist sie schweißgebadet. In der Herde ist die Stute rangniedrig, beim Reiten vorsichtig und verhalten. Für Ihre Stute mischen Sie Mimulus, Rock Rose, Star of Bethlehem, mit den Symptomen „Angst vor dem Geräusch der Hufe auf der Rampe, vor der Enge des Hängers, vor dem Fahrgefühl, lässt sich nur mit sehr viel Geduld verladen". Außerdem bekommt sie Scleranthus, Gentian und die heimische Blüte Engelwurz mit den Symptomen „nach Unfall mit dem Pferdehänger, traumatischem Transport oder gewalttätigem Verladen" und „Geht ruhig in den Hänger, schießt aber wieder heraus, Unruhe oder Schwitzen während der Fahrt". Unter Gentian finden Sie in der Mittelbeschreibung ab S. 92 als Kombinationsmittel noch Olive. Ihre Stute wurde bei ihrem Vorbesitzer früh und intensiv im Springsport eingesetzt, so intensiv, dass sie mit sieben Jahren bereits „sauer" war. Daher glauben Sie, dass ihr auch Olive guttun könnte.

Während der Mitteleinnahme wird Ihre Stute runder, ihr Fell beginnt mehr zu glänzen, und beim Reiten entwickelt sie mehr Schwung und Vorwärtsdrang. Im Gelände ist sie unerschrockener, in der Herde wehrt sie sich gegen Frechheiten der anderen entschiedener. Die einzige Fahrt, die Sie mit ihr unternehmen, verläuft entspannter als vorher und Sie sind viel zu früh da, weil die Stute, ohne zu zögern, auf den Hänger ging. Sie geben die Mischung zwei Monate lang. Nach diesen zwei Monaten hat sich Ihre Stute so positiv verändert, dass Sie eine neue Mischung mit anderen Mitteln für sie zusammenstellen.

Wie viele Bach-Blüten geben Sie?

Sie können bis zu 10 Mittel gleichzeitig geben. Die Menge der Mittel reduziert sich mit jeder neuen Mittelwahl meist von selbst, weil sich die Symptome abschwächen oder verändern. Wenn Sie sich nach gründlichem Lesen und Abwägen nicht zwischen zwei Mitteln entscheiden können, geben Sie beide. Stehen Sie nach der Mittelwahl mit 15 Mitteln da, lassen Sie fünf Mittel weg.

In welcher Form verabreichen Sie Bach-Blüten?

In der Apotheke oder im Versandhandel können Sie die Vorratsfläschchen (stockbottles) der Blüten-Essenzen bestellen. Notfalltropfen werden auch als Creme, Pastillen, für Menschen sogar als Kaubonbons angeboten!
Alle 38 Bach-Blüten-Essenzen gibt es zusammen als Set. Da die Vorratsflaschen jahrzehntelang halten, lohnt sich die Anschaffung des Sets, wenn Sie vorhaben, Bach-Blüten intensiv einzusetzen. Viele Pferdebesitzer nutzen die Möglichkeit, für sich selbst Blüten-Mischungen zusammenzustellen und diese zur eigenen Unterstützung einzunehmen.

Dosierung und Anwendung

Bei akuten Zuständen geben Sie drei Tropfen der jeweiligen Mittel direkt aus der Vorratsflasche in ein Glas Wasser und reichen die Mischung teelöffelweise auf Brot über den Tag verteilt oder jede Viertelstunde, bis das Glas leer ist.
Soll die Mischung über einen längeren Zeitraum gegeben werden, füllen Sie eine kleine Tropfflasche je zur Hälfte mit Wasser und Brandy und geben dann jeweils drei Tropfen der Blüten-Essenzen aus den Vorratsflaschen dazu. Von dieser Mischung bekommt Ihr Pferd drei Mal täglich je drei bis fünf Tropfen. Geben Sie die Mischung etwa drei Wochen lang oder bis Sie das Gefühl haben, dass Ihr Pferd sie nicht mehr braucht. Überprüfen Sie dann, ob es eine andere Auswahl an Blüten haben sollte.

Wo Sie die Blüten beziehen können

Wenn Sie jetzt schon wissen, dass Sie intensiver mit Bach-Blüten arbeiten möchten, empfehle ich Ihnen, gleich ein ganzes Set anzuschaffen. Einzelblüten-Essenzen können Sie auch über Ihre Apotheke bestellen. Langfristig betrachtet ist das Set die günstigere Alternative, wenn man viel mit den Blüten arbeiten möchte. Unabhängig vom aufgedruckten Mindesthaltbarkeitsdatum sind die Essenzen in den Vorratsflaschen jahrzehntelang haltbar und wirksam.

Heimische Blüten-Essenzen

Dr. Edward Bach hat seine Blüten-Essenzen an besonderen Orten gefunden. Dort werden sie noch heute für die Original-Bach-Blüten-Essenzen gesammelt. Auch in unserer Umgebung gibt es solche besonderen Orte, an denen Pflanzen stärkere Heilkräfte entfalten als anderswo. Die aus diesen Pflanzen hergestellten heimischen Blüten-Essenzen werden von speziellen Arbeitskreisen schon jahrelang erprobt. Sie können die Pflanzen selbst sammeln und selbst heimische Essenzen herstellen oder sie im Versandhandel bestellen. An ihren deutschen Namen sind sie im Buch leicht zur erkennen, z. B. Gänseblümchen.

Unterschiedliche Herstellungsmethoden

Sonnenmethode:
An einem wolkenlosen Morgen vor neun Uhr die Blüten pflücken und in eine Glasschale mit Quellwasser legen. In der Sonne drei bis vier Stunden stehen lassen. Schatten durch Wolken oder Bäume oder das direkte Berühren der Pflanzenteile mit den Händen verderben die Essenz. Man nimmt immer ein Blatt der Pflanze, um die Blüten zu pflücken oder aus der Glasschale zu holen, und wartet beim Bereiten der Essenz auf richtiges wolkenloses „Bach-Blüten-Wetter".
Nach drei bis vier Stunden wird das Blüten-Wasser in eine saubere Flasche gefüllt, bis die Flasche halb voll ist. Die andere Hälfte wird mit Brandy aufgefüllt. Dies ist die Urtinktur. Von ihr werden zur Bereitung der Vorratsflasche (stockbottle) zwei Tropfen in 30 ml 27 %igen Weinbrand gegeben. Aus der Vorratsflasche werden dann wieder drei Tropfen der Essenz in die jeweilige Einnahmeflasche gegeben.

Kochmethode:
Von Dr. Bach bei der Herstellung von Blüten-Essenzen aus Bäumen, Büschen und Pflanzen verwendet, die in den ersten Monaten des Jahres blühen.
An einem wolkenlosen Morgen vor neun Uhr die Blüten pflücken und in einen sauberen Emailletopf geben. Mit einem Liter reinem Wasser bedecken und eine halbe Stunde ohne Deckel kochen. Nach dem Abkühlen wird der Sud durch ein Tuch gegossen, gefiltert und in eine Flasche gefüllt, bis diese halb voll ist. Die andere Hälfte wird mit Brandy aufgefüllt. Dies ist die Urtinktur, aus der zur Bereitung der Vorratsflasche wieder zwei Tropfen in 30 ml 27 %igen Weinbrand gegeben werden.

Tau- oder Tropfmethode:
Wenn Sie die Pflanze erhalten möchten, können Sie auch den Tau der Blüten sammeln oder die Blüten mit Wasser beträufeln und die Tropfen wieder

einsammeln. Dann wie oben beschrieben in eine Flasche füllen, bis diese halb voll ist und die andere Hälfte mit Brandy aufgießen.
Verwenden Sie gutes Quellwasser, notfalls gutes, stilles Mineralwasser, und berühren Sie weder die Pflanze, noch das Wasser direkt.

Grenzen der Selbstbehandlung

Eine gute Therapie bedarf einer guten Diagnose, diese stellt in der Regel der Tierarzt. Notfälle und akute Krankheiten wie Koliken, Schlundverstopfung, Kreuzverschlag oder Schock müssen unverzüglich vom Tierarzt behandelt werden! Verlieren Sie in solchen Situationen keine Zeit und benachrichtigen Sie sofort Ihren Tierarzt. Wir haben dafür dieses Symbol gefunden: ✚
Zögern Sie jedoch nicht, tierärztliche Behandlungen durch Bach-Blüten zu ergänzen. Damit unterstützen Sie Ihr Pferd bei seiner Heilung so ganzheitlich wie möglich! Klären Sie Ihren Tierarzt darüber auf, dass Ihr vierbeiniger Freund zusätzlich zur Schulmedizin auch mit Bach-Blüten behandelt wird.
Pferdefreundliche Haltung mit der Möglichkeit zu Sozialkontakten und freier Bewegung setzen wir voraus. Probleme, die aus nicht artgerechter Haltung entstehen, können mit Bach-Blüten nicht gelöst werden. Da Pferde häufig Verhaltensprobleme entwickeln, wenn ihnen ihre Haltung, ihr Umfeld oder ihr Training nicht behagt, möchten wir Sie mit diesem Symbol daran erinnern, eine umfassende Ursachenforschung zu betreiben! Wir haben diese Fälle mit einem **!** versehen.

Selbstbehandlung für Reiter

Auch Reiter profitieren von der Einnahme von Bach-Blüten. Wenn Ihr Pferd beispielsweise zum Scheuen neigt, helfen Ihnen bestimmte Bach-Blüten, Gelassenheit auszustrahlen. Wenn Sie sich von einer Blüten-Beschreibung angesprochen fühlen, spricht nichts dagegen, diese Blüte auszuprobieren. Manchmal ist das sogar sehr ratsam. Dafür haben wir dieses Symbol gefunden:

Alle Symbole im Überblick:

Tierarzt: ✚

Besitzer kann auch Bach-Blüten einnehmen: 🚹

Ursachenforschung betreiben, Haltung, Umfeld, Training überprüfen: **!**

NOTFÄLLE

PRAXISTIPP Bitte verständigen Sie bei allen Notfällen unverzüglich den Tierarzt und geben Sie die Bach-Blüten, bis der Tierarzt eintrifft, sowie zusätzlich zu seiner Behandlung! Mit Bach-Blüten behandeln Sie das psychische oder seelische Ungleichgewicht Ihres Pferdes in einem Notfall. Auch Ihnen kann in einem Notfall die Einnahme von Bach-Blüten die nötige Gelassenheit zurückgeben.

Akuter Kreuzverschlag

Um das Pferd zusätzlich zur tierärztlichen Behandlung zu unterstützen

Notfalltropfen oder eine Mischung aus Oak, Vervain, Crab Apple, Cherry Plum, Rock Rose viertelstündlich, bis Besserung eintritt

Schock

Nach oder während psychischem oder physischem Schock zusätzlich zur tierärztlichen Behandlung	**Notfalltropfen oder eine Mischung aus Star of Bethlehem, Olive, Rock Rose, Engelwurz** viertelstündlich, bis Besserung eintritt

Festliegen

Akut, Pferd versucht freizukommen, strampelt	**Notfalltropfen** viertelstündlich, bis Besserung eintritt
Erschöpftes Pferd, versucht nicht mehr freizukommen	**Notfalltropfen, Olive, Sweet Chestnut** viertelstündlich, bis Besserung eintritt

Geburt

Siehe auch Fohlen, Zucht

Um die Stute während einer langen oder anstrengenden Geburt zu stärken, auch nach der Geburt zur Stärkung	**Elm, Hornbeam, Oak, Olive, Rock Rose, Star of Bethlehem, Walnut, Löwenzahn**

PRAXISTIPP Geben Sie, wenn Sie nichts anderes da haben, zusätzlich zur tierärztlichen Behandlung Notfalltropfen viertelstündlich vier Tropfen direkt aus der Vorratsflasche auf die Unterlippe oder auf etwas Brot. Oder lösen Sie vier Tropfen in einem Glas Wasser auf und geben daraus viertelstündlich jeweils einen Teelöffel z.B. auf Brot.

Hitzschlag, Sonnenstich

Sofort Schatten aufsuchen, Stress vermeiden, Coolpack auf das Genick legen, schüsselweise handwarmes Wasser anbieten	**Notfalltropfen, Rock Rose** viertelstündlich, bis Besserung eintritt

Kolik, akut

Siehe auch: Kolik

jegliche Form von Kolik, zusätzlich zur tierärztlichen Behandlung	**Notfalltropfen oder eine Mischung aus Impatiens, Vervain** viertelstündlich, bis Besserung eintritt

Schmerzen

Wundschmerzen	**Impatiens**
Entzündungen	**Holly, Crab Apple**
Muskelkater	**Olive, Löwenzahn**

Unfall

Direkt nach dem Geschehen, bis der Tierarzt eintrifft	**Notfalltropfen** viertelstündlich 4 Tropfen direkt ins Maul oder auf etwas Brot

Vergiftung

Auch bei Verdacht auf Vergiftung, bis der Tierarzt eintrifft	**Notfalltropfen plus Crab Apple und Willow** viertelstündlich 4 Tropfen direkt ins Maul oder auf etwas Brot

Verletzung

Direkt nach dem Geschehen	**Notfalltropfen** viertelstündlich, bis Besserung eintritt

BACH-BLÜTEN IM PFERDEALLTAG

A

Absetzen

Siehe auch: Fohlen, Zucht

Bereits vor dem Absetzen und in den Wochen danach für Mutter und Fohlen, auch für sehr mitfühlende Besitzer	**Honeysuckle, Walnut, Star of Bethlehem, Chicory, Heather, Red Chestnut, Birne, Engelwurz, Notfalltropfen**

Abwehrschwäche

Siehe auch: Anfälligkeit, Immunabwehr

Aggressionen

Ablehnend gegenüber anderen Pferden, plötzliches Beißen, gereizt, Jagen oder Schlagen, beansprucht viel Platz in der Herde, steht oft allein, auch aggressiv gegenüber Menschen	**Beech**
Plötzliche, starke Wutausbrüche, heftige, überschießende Reaktionen, Unruhe, im Umgang und beim Reiten häufig „wie ein Pulverfass"	**Cherry Plum**
Aggression gegen Menschen oder Artgenossen aus Eifersucht, unberechenbare Hengste, starker Futterneid	**Holly**
Überschießende Reaktionen und Aggression bei zu wenig Bewegung, bei Offenstallpferden zum Beispiel nach Frostperioden	**Impatiens**
Dominantes, stolzes, selbstbewusstes Pferd, kämpft gegen Druck und Bevormundung, häufig tyrannisch in der Herde und in der Beziehung zum Menschen eigenwillig, möchte als Partner mitarbeiten, nicht als Befehlsempfänger	**Vine**
Braucht viel Platz um sich herum und reagiert v. a. aggressiv, wenn andere Pferde ihm zu nahe kommen	**Water Violet**
In Stresssituationen, bei anhaltender Unruhe oder ständigem Zank für die ganze Herde, beispielsweise im Trinkwasser aufgelöst	**Brennnessel**

PRAXISTIPP Pferde sind Fluchttiere. Aggressionen sind eher untypisch für sie. Wenn sie sie dennoch zeigen, haben sie meist einen triftigen Grund dafür. Zu wenig Bewegung, fehlende Sozialkontakte, Platzmangel oder anderer Stress sowie Schmerzen sind die häufigsten Gründe. Überprüfen Sie Haltung, Umfeld und Training aggressiver Pferde!

Weitere Stichpunkte zum Thema Aggression

Angst, Anspannung, Stress:
siehe dort

Beißen beim Satteln:
siehe Sattel

Eifersucht, Futteraggression:
siehe dort

Hengstiges Verhalten:
siehe Hengst

Mobbing in der Herde:
siehe Herde

Aktionen, Unternehmungen

Siehe auch: Auktionen, Prüfungen, Veranstaltungen, Turniere

Junges oder unerfahrenes Tier, vor der Teilnahme von ersten Veranstaltungen unterstützend	**Walnut, Notfalltropfen**
Unsicheres, schüchternes Tier, Angst vor neuen Situationen, Veränderungen im Tagesablauf, eher still leidend und duldsam, krankheitsanfällig bei Stress	**Larch, Engelwurz, Notfalltropfen**
Verliert bei Unternehmungen schnell die „Contenance", gerät schnell aus dem Gleichgewicht	**Scleranthus, Notfalltropfen**
Bei stressempfindlichen Pferden vorbeugend vor Veranstaltungen oder anderen Vorhaben oder Veränderungen im Tagesablauf wie Anweiden, Weidewechsel	**Mischung aus Notfalltropfen plus Elm, Rock Water, Star of Bethlehem und Walnut, Rotklee**
Nach Veranstaltungen, zur Entspannung	**Olive, Vervain, Rock Water, Gänseblümchen, Rotklee, Notfalltropfen**
Die gut bewährte Prüfungskombination nach Barnard sorgt bei Turnieren für Mut, Selbstvertrauen, Gelassenheit, Konzentration und Präsenz	**Prüfungskombination nach Barnard: Gentian, Elm, Clematis, Larch, White Chestnut**

Allein bleiben, Alleinsein

Pferd kann nicht allein bleiben

Extrem an ein anderes Pferd oder an den Besitzer gebunden, wird krank oder panisch, wenn es zurückbleiben muss	**Cerato, Star of Bethlehem, Notfalltropfen**
Braucht die Gesellschaft anderer Pferde, mag weder allein trainiert werden, noch zurückbleiben, mitunter auch den Pferden gegenüber distanzlos, großer Stress beim Alleinsein	**Heather, Notfalltropfen**
Großer Stress beim Alleinsein, sensibles, in verschiedenen Situationen ängstliches oder übervorsichtiges Pferd, Neuem gegenüber sehr zurückhaltend	**Mimulus, Star of Bethlehem, Hahnenfuß, Rotklee, Notfalltropfen**
Unkontrollierte Panik beim Alleinsein, Pferd ist unberechenbar, unansprechbar	**Rock Rose, Star of Bethlehem, Rotklee, Notfalltropfen**
Ängstlich, gestresst, unruhig und nervös, wenn es allein geritten wird oder allein bleiben muss, kann sich bis zur Panik steigern	**Aspen, Star of Bethlehem, Rotklee, Notfalltropfen**
Mag nicht gerne allein geritten werden oder allein bleiben, ist dann sehr nervös, lässt sich aber beruhigen	**Mimulus, Star of Bethlehem, Notfalltropfen**
Pferd vermisst vor allem ein bestimmtes anderes Pferd. Ohne diesen Freund ist es unglücklich oder geht sogar durch Zäune.	**Red Chestnut, Star of Bethlehem, Birne, Notfalltropfen**
Ängstlich, unsicher, klebt an anderen Pferden	**Star of Bethlehem, Larch, Birne, Notfalltropfen**
Entschiedene Abneigung gegen das Alleinsein oder Allein-vom-Hof-geritten-Werden, wenn das Pferd es nicht gewöhnt ist, z.B. beim alten Schulpferd	**Rock Water, Notfalltropfen**

PRAXISTIPP Pferde, die als Fohlen früh von ihren Müttern getrennt oder sehr früh abgesetzt wurden, oder traumatisierte Pferde haben oft große Schwierigkeiten, allein zu bleiben. Star of Bethlehem als Trauma-Blüte sollte ihren Blüten-Mischungen immer beigefügt werden!
Als heimische Blüten vermitteln Birne oder Rotklee betroffenen Pferden Ruhe und Geborgenheit.

Pferd will innerhalb der Herde allein sein, Einzelgänger

Innerer Rückzug nach Kummer oder Orts- oder Besitzerwechsel oder nach dem Verlust eines nahe stehenden Menschen oder Pferdes	**Honeysuckle, Wild Rose**
Verschlossenes, stolzes Pferd, zieht sich in sich selbst zurück, auch in der Herde, braucht viel Platz um sich herum, kein „Schmuse-Pferd"	**Water Violet**

Allergien ✚

Empfindlich, reinlich, häufiges Wasserlassen beim Reiten, feuchter, schnoddriger Husten oder Schnupfen, Hautprobleme, Allergieneigung	**Crab Apple**
Allergien mit warmen oder entzündeten Hautregionen, als Zusatztherapie	**Holly, Beech**
Bei regelmäßig wiederkehrenden Allergieschüben, z.B. im Frühjahr	**Chestnut Bud, White Chestnut**
Stärkt die Abwehrkraft und das körperliche und seelische Schutzschild sensibler, dünnhäutiger oder vielen Einflüssen ausgesetzter Pferde, setzt die Allergiebereitschaft herab	**Agrimony, Centaury, Schafgarbe**
Um vorhandenen Juckreiz zu mildern	**Impatiens, White Chestnut, Cherry Plum, Notfalltropfen**

Bei chronischen Hauterkrankungen	**Water Violet, Chestnut Bud, Olive, Gorse**
Unklare Symptome, kommen und gehen, wechseln die Körperregion, man kann schwer einschätzen, was Auslöser ist oder was hilft	**Scleranthus**
Bei starker allergischer Reaktion	**Cherry Plum, Rock Rose, Notfalltropfen**

Alte Tiere

Um die Lebenskraft anzuregen, für mehr Lebensfreude	**Honeysuckle**
Nach belastendem Alltag, zum Beispiel als Schulpferd auf Ferienhöfen, nach intensivem Training oder nach Turniersaison	**Hornbeam**
Steife, schwunglose Tiere, die klaglos ihren Dienst tun, arthrotische Anfänger-, Schul- oder Sportpferde mit ungebrochenem Leistungswillen	**Oak**
Starrsinnige Tiere, angespannt, eiserne Gesundheit und Leistungswillen, altersbedingt steif und arthrotisch, dominant und herrisch	**Vine**
Starr, sowohl körperlich steif, als auch irritiert durch Veränderungen im Tagesablauf, braucht lange zum Abschnauben, langes Warmreiten nötig, arbeitseifrig und bemüht trotz körperlicher Probleme, Senior, der nicht mit seiner Pensionierung klarkommt	**Rock Water**
Nach jahrelanger Überlastung, Pferd wirkt müde und erschöpft, auch bei Kräfteverfall, Mühe beim Aufstehen, zur Unterstützung	**Olive, Sweet Chestnut, Wild Rose**
Steife, schwunglose, disziplinierte, in sich zurückgezogene Tiere, Rückenprobleme, angespannte, verhärtete Muskulatur	**Magnolie**

Freundliches, rundliches, schüchternes Tier, starker Senkrücken	**Centaury, Hahnenfuß**
Unterstützend bevor ein Tier in den Ruhestand geht und vor allen anderen tiefgreifenden Veränderungen	**Walnut**

Anbinden

Anspannung und Unruhe am Anbinder, Pferd scharrt, fühlt sich unwohl	**Elm, Impatiens, Notfalltropfen**
Panik am Anbinder, mehrfaches Zurückwerfen in den Strick	**Notfalltropfen**

Anfälligkeit

Siehe auch: Immunsystem

Häufig kleine Verletzungen oder Beschwerden, auch, wenn „sein" Mensch z.B. verreist	**Chicory**
Krankheitsanfällig nach Anstrengung oder Veranstaltung	**Elm**
Ständig wechselnde Beschwerden	**Scleranthus**
Krankheitsanfällig nach belastender Zeit zum Beispiel nach intensivem Training, arbeitsreichem Sommer als Schul- oder Sportpferd	**Hornbeam**
Stärkt die Abwehrkraft und das körperliche und seelische Schutzschild sensibler, dünnhäutiger oder vielen Einflüssen ausgesetzter Pferde	**Schafgarbe**
Unsicheres, schüchternes Tier, Angst vor neuen Situationen, empfindlich bei Veränderungen im Tagesablauf, krankheitsanfällig und eher still leidend und duldsam	**Larch, Pine**

Zur Anregung des Immunsystems im Fellwechsel, bei Ortswechseln oder Futterumstellungen, z.B. von der Weide zum Stall oder vor Belastungen	**Elm, Hornbeam, Crab Apple, Walnut, Schafgarbe**
Wenn Therapien nicht anschlagen	**Gorse, Hornbeam, Wild Rose, Oak, Holly, Star of Bethlehem**

Angelaufene Beine

Siehe auch: Durchblutung

Neigung zu angelaufenen Beinen oder Schwellungen im Kopf- oder Bauchbereich	**Chicory, Water Violet, Clematis, Schafgarbe**
Großes Bewegungsbedürfnis, ungeduldiges, vitales, hitziges Tier, Neigung zu angelaufenen Beinen	**Impatiens**

Angst

Schreckhaftes, übernervöses Verhalten bis zur Panik, häufiges grundloses Scheuen, Zittern, „dünnhäutige" Pferde	**Aspen, Rock Rose, Star of Bethlehem, White Chestnut, Rotklee, Notfalltropfen**
Angst in bestimmten Situationen wie Tierarzt, Verladen, Wasser, Musikzüge, scheu, nervös und überempfindlich	**Mimulus, Star of Bethlehem, Notfalltropfen**
Unsicheres, schüchternes Tier, wenig Selbstvertrauen, Angst vor neuen Situationen, Veränderungen im Tagesablauf, eher still leidend und duldsam	**Larch, Hahnenfuß, Notfalltropfen**
Ängstliches, schüchternes Tier, rangniedrig, schnell entmutigt, scheut und erschreckt schnell, sehr empfindsam gegenüber Angriffen anderer Pferde oder Tadel des Menschen	**Pine, Star of Bethlehem, Notfalltropfen**

Überwältigende Angst, unberechenbare Panik, kann sogar krank vor Angst werden (Kolik, Schlundverstopfung)	**Rock Rose, Notfalltropfen**
Angespanntes Pferd, das sich häufig erschreckt, nervös zusammenzuckt, unruhig zur Seite springt, eilt	**White Chestnut, Notfalltropfen**
Große Angst in bestimmten Situationen, zum Beispiel Tierarztpanik nach OP, Schmiedepanik nach Feuer im Stall, Silvesterpanik nach Treibjagderfahrung etc.	**Rock Rose, Star of Bethlehem, Rotklee, Notfalltropfen**
Pferd beherrscht sich trotz Angst so lange, bis es plötzlich völlig unberechenbar „ausrastet".	**Cherry Plum, Star of Bethlehem, Notfalltropfen**
Bei Stresssituationen für die gesamte Herde mit Gefahr der kollektiven Unruhe bis zur Herdenpanik, zum Beispiel vor Silvester, vor Stallumbau, etc.	**Aspen, Mimulus, Rock Rose, Cherry Plum, Rotklee**

Anhalten

Kann nicht lange still stehen, schwer zu bremsen, eilt, verspannt sich beim Durchparieren	**Impatiens**

Anlehnung

Siehe auch: Kopfhaltung, Lenken

Aktives, leistungswilliges Pferd, arbeitet am liebsten selbstbestimmt, mitunter schwer zu regulieren, ungeduldig, geht gegen die Hand	**Impatiens**
Sehr unbeständig in der Anlehnung	**Scleranthus**
Verkriecht sich hinter dem Zügel	**Hahnenfuß**

Anregung des Immunsystems

Zur Vorbeugung bei Pferden, die nach Veranstaltungen oder Anstrengung krankheitsanfällig werden	**Elm**
Zur Anregung des Immunsystems im Fellwechsel, bei Ortswechseln oder Futterumstellungen, z.B. von der Weide zum Stall, oder vor Belastungen	**Elm, Hornbeam, Crab Apple, Walnut, Schafgarbe**

Anspannung

Außengesteuert, leicht ablenkbar, Scheuneigung, immer auf dem Sprung, hypervigilant (überwachsam)	**Star of Bethlehem**
Insgesamt angespanntes, verspanntes Pferd	**Star of Bethlehem, Löwenzahn**
Ungeduldig, voller Tatendrang, hitzig und schnell, sehr vital, neigt zu Stürzen und Verletzungen	**Impatiens**
Angespannte Muskulatur, zusätzlich zur Therapie	**Impatiens, Löwenzahn**
Steife, schwunglose, disziplinierte, in sich zurückgezogene Tiere, Rückenprobleme, angespannte, verhärtete Muskulatur	**Magnolie**
Kämpferherz, Anspannung durch Überlastung	**Elm**
Übereifriges Leistungspferd, nimmt Lektionen voraus, gibt alles, begeisterter Kämpfer, verspannte Rücken-, Hals- und Schultermuskulatur, Sehnenprobleme	**Oak, Vervain**
Starke Anspannung im Genick, Hals und Rücken, wenig Schwung und Flexibilität, eigensinnig, jedoch meist zuverlässig, wenig angenehm zu reiten	**Rock Water**

Angespanntes Pferd, reagiert unwillig auf Hilfen oder Tadel, schnappt nach anderen Pferden, verspannt im Genick- und Halsbereich, mangelnde Losgelassenheit	**Beech**
Selbstbewusstes Pferd, starrsinnig, reagiert unwillig auf Druck, wenig unterordnungsbereite Führungspersönlichkeit, eiserne Gesundheit und Leistungswillen, steif und arthrotisch, dominant und herrisch, Muskelverspannungen	**Vine**
In stark fordernden Situationen, während der Turniersaison oder Leistungsprüfungen, Pferd ist trotz Leistungsbereitschaft matt	**Oak, auch äußerlich als Zusatz zu Kühl- oder Massagegel**
Körperliche Anspannung nach Überanstrengung, auch bei Muskelkater, Genick- und Rückenschmerzen vorbeugend in Stresssituationen oder besonders aktiven Zeiten	**Olive, Löwenzahn**

PRAXISTIPP Probieren Sie bei hoher Körperspannung, Nervosität oder zur Regeneration Ihres Pferdes zusätzlich Tellington TTouches!

Antibiotika/ Ausleitung

Nach Behandlung mit Antibiotika, nach Impfung oder Wurmkur zur Ausleitung	**Crab Apple**

Antriebslosigkeit !

Nach Fehlern oder Tadel entmutigt, ohne Vertrauen zu sich selbst und zum Reiter, auch nach Besitzerwechsel	**Gentian, Notfalltropfen**
„Zieht nicht mehr richtig an“, matt, schwunglos, aber trotzdem bemüht, in die Jahre gekommenes Schul- oder Sportpferd	**Oak, Magnolie, Notfalltropfen**

Energielos, erschöpft, appetitlos nach anstrengenden Lebensphasen, Training, Turniersaison

Olive, Notfalltropfen

Ohne erkennbaren Grund trauriges, depressives, interesseloses, müde wirkendes Pferd

Mustard, Notfalltropfen

Nach Schock, Besitzerwechsel, Abgabe ins Tierheim, nach Operation, bei unklarer Vorgeschichte immer zusätzlich in die Mischung geben

Star of Bethlehem, Notfalltropfen

Erschöpft wirkendes, mattes Tier, nach chronischer Krankheit oder Vernachlässigung, auch in der Rekonvaleszenz

Gorse, Sweet Chestnut, Notfalltropfen

Bei chronisch kranken, alten oder Tierschutz-Pferden aus vernachlässigter Haltung mit matten Bewegungen, Schwäche, Kreislaufproblemen zusätzlich zur tierärztlichen Behandlung

Wild Rose, Notfalltropfen

Nach Besitzer- oder Stallwechsel oder nach Verlust eines Freundes oder anderem Kummer

Honeysuckle, Notfalltropfen

Appetit

Hat immer Hunger, fressgierig

Agrimony, Hahnenfuß

Appetitlosigkeit

Wechselhafter, mitunter fehlender Appetit, unklare Ursache

Mustard

Stallwechsel, Veränderungen im Tagesablauf und in Bezugspersonen irritieren das Pferd sichtlich, Appetitlosigkeit, geringere Leistungsbereitschaft, auch vorbeugend vor anstehender Veränderung

Walnut

Bei chronischer Krankheit oder anderen Belastungen, Pferd macht einen erschöpften Eindruck und frisst schlecht	**Gorse**
Bescheidenes, zurückhaltendes Pferd, drängelt in der Gruppe nicht ans Futter, sondern steht eher an der Seite, resigniertes Pferd nach langer Krankheit oder schlechter Haltung	**Wild Rose**

Aufdringliches Verhalten

Kriecht dem Menschen fast in die Jackentasche, weicht nicht von seiner Seite, distanzlos	**Heather**

Aufhalftern

Siehe auch: Einfangen auf der Weide

Aufsitzen

Steht nicht beim Aufsitzen, trippelt, läuft sofort los	**Impatiens**

Aufmerksamkeit

Siehe auch Unaufmerksamkeit, Konzentration

Teilweise aufdringliches, anhängliches bis distanzloses Pferd, das viel Aufmerksamkeit braucht	**Chicory**
Unaufmerksam, unkonzentriert, nicht richtig bei der Sache	**White Chestnut, Wild Oat**
Hampelig, zappelig, überdreht	**Agrimony**

Auktionen, Prüfungen

Siehe auch: Aktionen, Turniere, Veranstaltungen

Bei momentanem Stress, momentaner Überforderung, Pferd schöpft sein Leistungspotential nicht ganz aus oder ist krankheitsanfällig, auch vorbeugend	**Elm**
Normalerweise leistungsbereites Pferd wirkt plötzlich lustlos und erschöpft, auch vorbeugend	**Hornbeam**
Leistungspferd, das alles gibt, Verlasspferd, übermotiviert, verspannte Rücken-, Hals- und Schultermuskulatur, zur Unterstützung	**Oak, Vervain**
Vorbeugend zur Unterstützung bei stressanfälligen Pferden, die sich schnell verspannen, verkriechen, mit Durchfall oder geringerer Leistungsbereitschaft reagieren	**Star of Bethlehem, Rotklee**
Pferd traut sich nichts zu, schüchtern, übervorsichtig, scheut, ist krankheitsanfällig, auch vorbeugend	**Larch, Pine, Star of Bethlehem, Hahnenfuß, Engelwurz**
Stallwechsel, Veränderungen im Tagesablauf und in Bezugspersonen irritieren das Pferd, Appetitlosigkeit, geringere Leistungsbereitschaft, auch vorbeugend bei Stallwechsel	**Walnut, Rock Water, Star of Bethlehem**
Kann Übungen oder Bewegungsabläufe plötzlich nicht mehr, die es schon gelernt hatte, kann sich nur kurz konzentrieren, in Prüfungen unkonzentriert oder chaotisch, auch vorbeugend für bessere Konzentration	**White Chestnut, Cerato**
Ängstliches, nervöses, in der Begegnung mit Unbekanntem schnell überfordertes Pferd, Unsicherheit in neuen Situationen	**Mimulus**
Unbeständig in seinen Leistungen, unzuverlässig, schnell aus dem Gleichgewicht gebracht	**Scleranthus**

Die gut bewährte Prüfungskombination nach Barnard sorgt bei Turnieren für Mut, Selbstvertrauen, Gelassenheit, Konzentration und Präsenz.	**Prüfungskombination nach Barnard: Gentian, Elm, Clematis, Larch, White Chestnut**
Nach großer körperlicher Anstrengung, um Muskelkater und mentaler Erschöpfung vorzubeugen und die Regeneration zu unterstützen	**Olive, Sweet Chestnut, Vervain, Löwenzahn**

B

Beißen, Schnappen !

Im Umgang mit anderen Pferden oder dem Menschen	**Holly, Impatiens, Wild Oat**
Beißt nach anderen Pferden im Unterricht oder Gelände	**Beech**
Beißt nach anderen Pferden oder nach dem Menschen, herrisch, aggressiv	**Vine**
Angespanntes, starres Pferd, schnappt beim Putzen, kann heftig auf Berührungen bestimmter Bereiche reagieren	**Rock Water, Star of Bethlehem**
Zappeln, Schnappen, Beißen, Treten beim Satteln	**Mimulus, Aspen, Star of Bethlehem**

Berührungsempfindlichkeit, schwierig beim Putzen !

Zurückhaltendes Tier mit guten Manieren, kein Schmuser	**Water Violet**
Vorsichtiges Pferd, das Fremden misstraut und sich ungern von Fremden berühren lässt	**Gentian**

Angespanntes, starres Pferd, Muskelverspannungen, verspannt sich beim Putzen, kann heftig auf Berührungen bestimmter Bereiche reagieren, auch zusätzlich zur Borreliose-Behandlung	**Rock Water, Star of Bethlehem**
Steife, schwunglose, disziplinierte, in sich zurückgezogene Tiere, Rückenprobleme, angespannte, verhärtete Muskulatur, berührungsempfindlich	**Magnolie**
Angespannt, genießt Berührungen oder Putzmassagen nicht, kann sich plötzlich erschrecken	**White Chestnut**

Besitzerwechsel

Appetitlos nach Besitzerwechsel, Pferd wirkt durcheinander, verändert, leistungsschwach oder anfällig	**Honeysuckle, Walnut, Star of Bethlehem, Gänseblümchen, Birne, Notfalltropfen**
Alte Pferde, die noch einmal den Besitzer wechseln müssen, bemühtes, zuverlässiges Lehrpferd oder -pony, um die Umstellung zu erleichtern	**Rock Water, Walnut, Star of Bethlehem, Engelwurz, Notfalltropfen**
Bei Schwierigkeiten mit der neuen Situation, Pferd hat noch Kontakt zum alten Besitzer, nach häufigen Besitzerwechseln	**Scleranthus, Star of Bethlehem, Notfalltropfen**

Beziehung

Pferd und Mensch mit „Sackgassengefühl", festgefahren in öder Routine, schwunglos, ohne spannende Ziele	**Mustard, Rock Water, Walnut, Water Violet, Wild Oat**
Pferd und Mensch finden nicht zueinander, um die Bindung zu fördern	**Holly, Chicory, Heather**
Nach negativem Erlebnis, Vertrauen ineinander ist erschüttert	**Star of Bethlehem, Gentian**

Abgekapseltes Pferd, nimmt wenig Kontakt zum Menschen auf	**Honeysuckle, Star of Bethlehem, Walnut, Water Violet, Engelwurz**

Bodenarbeit

Rempelt beim Führen, sehr eilig	**Impatiens**
Schwierig in neuen Hindernissen	**Rock Water**
Unkonzentriert, unaufmerksam	**Scleranthus, White Chestnut**
Bodenarbeit in der Rekonvaleszenz nach Verletzung, Operation oder Vernachlässigung, Pferd wirkt zaghaft, interesse- und lustlos, unbeteiligt	**Sweet Chestnut, Gentian, Star of Bethlehem**

Box, Probleme im Zusammenhang mit der Box !

Scharren in der Einstreu, Aufwühlen der Einstreu, Unruhe	**Impatiens**
Klaustrophobisch, Pferd mag die Box wegen schlechter Erfahrungen nicht betreten, z.B. Importpferd	**Star of Bethlehem, Mimulus, Rock Rose, Notfalltropfen**
Stößt sich immer wieder beim Rein- oder Rausführen	**Chestnut Bud**
Legt sich nicht hin, überwach, unruhig, angespannt	**Vervain, Notfalltropfen**
Nach Wechsel der Box nervös, angespannt, frisst schlecht	**Walnut, Honeysuckle, Birne**
Bei sogenannten Unarten im Zusammenhang mit der Box, z.B. Beißen in Gitterstäbe	**Mustard**

Sehr „ordentliches“, sauberes Pferd, das seine Pferdeäpfel „versteckt“	**Rock Water, Water Violet, Crab Apple**
Sehr chaotisch in der Box, wühlt die ganze Einstreu um	**Impatiens**
Irritiert nach Umzug in andere Box, unruhig, aufgeregt, wühlt in der Streu	**Rock Water, Walnut, Gänseblümchen**
Aggressionen gegen Boxennachbarn, Futteraggressionen	**Vine, Holly, Impatiens**

PRAXISTIPP Überprüfen Sie bei Problemen im Zusammenhang mit der Box, ob Ihr Pferd täglich mindestens 12 Stunden lang selbstbestimmte, freie Bewegung bekommt und ob es neben Pferden wohnt, die es mag!

Buckeln

Gefasst und unauffällig, kann aber aus heiterem Himmel oder in bestimmten Situationen unberechenbar reagieren oder buckeln	**Cherry Plum, Star of Bethlehem, Notfalltropfen**
Buckelt vor allem in Stresssituationen, schnell ungeduldig oder gereizt	**Impatiens, Star of Bethlehem, Notfalltropfen**

C

Charisma

Strahlemänner und -frauen mit natürlichem Glanz und stolzer Ausstrahlung, zur Unterstützung	**Agrimony, Oak, Vervain, Vine**

Chronische Krankheit ⊕

Um die Selbstheilungskraft und das Durchhaltevermögen zu stärken	**Gentian, Gorse, Honeysuckle, Willow, Rotklee, Notfalltropfen**
Nach anstrengender, schwerer Krankheit erschöpft, auch zur Stärkung während chronischer Krankheit	**Olive, Sweet Chestnut, Notfalltropfen**
Zur Stärkung bei ausgezehrt wirkenden, kraftlosen Tieren	**Olive, Star of Bethlehem, Magnolie, Notfalltropfen**

Clevere Pferde

Fordern aufmerksamen, sicheren, gelassenen Reiter, den sie gelegentlich testen oder überlisten, Leistungspferde	**Vervain, Vine, Oak**

D

Deckprobleme

Siehe auch: Hengste, Zucht

Albert beim Decken eher herum, traut sich nicht an die Stute heran, ungeschickt	**Chestnut Bud**

PRAXISTIPP: Weitere Symptome und Mittel auf S. 44: Hengste

Dominanz

Siehe auch: Aggression, Herde

Selbstbewusstes, in der Herde rücksichtslos aggressives oder tyrannisches Pferd, beim Reiten auf partnerschaftlichem Mitspracherecht beharrend	**Vine**

Eifersüchtiges, streitsüchtiges Pferd, auch bei Aggressionen gegenüber einem bestimmten Pferd in der Herde	**Beech**
Zettelt in der Herde gern Streit an, Leistungspferd, besonders aggressiv bei Bewegungsmangel	**Vervain**
Aggressiv gegenüber anderen Pferden, weil es ein bestimmtes Pferd besonders bemuttert oder beschützt	**Chicory**

Drohen

Droht anderen Pferden in der Abteilung	**Impatiens**
Reizbares, eigenwilliges, angespanntes Pferd, das auch mal schlecht gelaunt Ohren anlegen oder schnappen kann	**Beech**
Starrsinniges, steifes Pferd, angespannt, dominant und herrisch	**Vine**

Durchblutung !

Siehe auch: Angelaufene Beine, alte Tiere

Mangelnde Durchblutung der Beine, kalte, häufig auch angelaufene Beine	**Clematis, Schafgarbe**
Mangelnde Durchblutung, kalte Beine, Steifheit und Muskelverspannungen beim älteren Pferd	**Rock Water**

Durchfall

Siehe auch: Stress

In Stresssituationen bleibt das Pferd zwar ruhig, bekommt aber Durchfall	**Agrimony, Star of Bethlehem**

Unsicheres, schüchternes Tier, Angst vor neuen Situationen, Veränderungen im Tagesablauf, Neigung zu Stressdurchfall	**Larch, Star of Bethlehem, Hahnenfuß**
Schnell nervöses Tier, das in vielen Situationen ängstlich und mit Durchfall reagiert, empfindlich gegen Lärm, Gerüche	**Mimulus, Star of Bethlehem**
Reagiert empfindlich bei Futterumstellung, z. B. Weidegras	**Impatiens**
Häufige Durchfälle wechseln mit normalem Kot ab	**Scleranthus**
Erschöpfung, Schwäche nach längerem Durchfall	**Olive**

Durchgehen !

Gefasst und unauffällig, kann aber aus heiterem Himmel oder in bestimmten Situationen unberechenbar reagieren oder durchgehen	**Cherry Plum, Star of Bethlehem, Notfalltropfen**
Besonders gehfreudiges, teilweise schwer regulierbares Pferd	**Impatiens, Notfalltropfen**
Generell leicht erregbar und zu Panik neigend, starke Scheuneigung, geht aus Panik durch	**Rock Rose, Star of Bethlehem, Rotklee, Notfalltropfen**
Gehfreudiges Leistungspferd, liebt die Herausforderung, unruhig, angespannt, willensstark	**Vervain, Notfalltropfen**
Erschreckt sich häufig, zuckt zusammen, springt zur Seite, eilig	**White Chestnut, Rotklee, Notfalltropfen**
Unregulierbarer Durchgänger aus Gewohnheit, ehemaliges Rennpferd oder im Gelände häufig zum Rennen animiert	**Rock Water, Notfalltropfen**
Durchgehen, um nach Hause zu gelangen	**Red Chestnut, Chestnut Bud, Notfalltropfen**

E

Eigensinn

Lässt sich nicht in seine Weg- oder Geschwindigkeitsplanung reinreden, „überhört" Hilfen	**Rock Water, Oak, Impatiens, Heather, Vine**

Eifersucht

Massive Eifersucht, auch mit Aggressionen	**Holly**
Besonders anhängliches, mitunter aufdringliches Pferd, das andere Pferde wegschubst oder beißt	**Heather**
Eifersucht nach Veränderung, zum Beispiel Neuzugang in der Herde, Nachwuchs, Stallwechsel	**Honeysuckle, Walnut**

Einfangen auf der Weide

Schwierig einzufangen, lässt sich lieber aufhalftern, wenn der Mensch zunächst auf Abstand stehen bleibt und dem Pferd Zeit lässt	**Water Violet**
Schwierig einzufangen, möchte nicht von der Herde weg	**Cerato**
Schwierig einzufangen, möchte nicht von einem anderen Pferd weg, mit dem es eng befreundet ist	**Red Chestnut**
Schwierig einzufangen nach anstrengender Trainingsphase	**Elm, Hahnenfuß**
Will nicht, dass andere Pferde weggeführt werden, Herdenchef, kann sehr massiv drohen	**Vine**

Eifersüchtig und aggressiv, wenn andere Pferde weggeführt werden	**Holly**

PRAXISTIPP Klären Sie ab, ob Ihr Pferd Schmerzen haben könnte oder durch einseitiges Training überlastet oder gelangweilt ist, wenn es sich nicht einfangen lässt!

Einzelgänger

Siehe auch: Allein bleiben

Entgiftung ✚

Nach längerer Krankheit, bei Stoffwechselstörungen, lang andauerndem Fellwechsel, wiederkehrenden Haut- oder Hufproblemen, Abwehrschwäche, bei Pferden aus schlechter Haltung, zusätzlich zur Frühjahrskräuterkur, nach Wurmkur	**Crab Apple, Rock Water, Chicory, Hornbeam, Gorse**

Erschöpfung

Erschöpfung, glanzloses Fell, Antriebslosigkeit	**Gorse, Sweet Chestnut, Notfalltropfen**
Nach belastendem Alltag, zum Beispiel als Schulpferd auf Ferienhöfen, nach intensivem Training oder nach Turniersaison	**Hornbeam, Notfalltropfen**
Nach großer körperlicher Anstrengung, um Muskelkater und mentaler Erschöpfung vorzubeugen und die Regeneration zu unterstützen	**Olive, Sweet Chestnut, Vervain, Löwenzahn, Notfalltropfen**

Nach jahrelanger Überlastung, Pferd wirkt müde und erschöpft	**Olive, Sweet Chestnut, Oak, Star of Bethlehem, Notfalltropfen**

Explosivität

Pulverfass, neigt bei Druck zu unkontrollierbaren Überreaktionen, niedrige Reizschwelle	**Cherry Plum, Notfalltropfen**
Pferd neigt zu Scheuen, Durchgehen und Panikattacken, auch während akuter Panik	**Rock Rose, Star of Bethlehem, Rotklee, Notfalltropfen**
Nach längerer Bewegungseinschränkung durch Krankheit, für blutgeprägte Pferde zur Verbesserung der Selbstkontrolle	**Impatiens, Notfalltropfen**

F

Faulheit

Siehe: Gehfreudigkeit, Schwung

Fehler

Nimmt Fehler übel, nachtragend	**Beech**
Gleicht Reiterfehler aus, Leistungspferd, kommt mitunter seinem Reiter zuvor und trifft eigene Entscheidungen	**Oak**
Möchte keine Fehler machen, sehr bemüht	**Rock Water**
Macht immer wieder die gleichen Fehler	**White Chestnut, Chestnut Bud**

Fellwechsel

Fellwechsel zieht sich lange hin	**Rock Water**
Zögerlicher Fellwechsel, Pferd wirkt insgesamt erschöpft	**Sweet Chestnut**
Zur Anregung des Immunsystems im Fellwechsel oder wenn sich der Fellwechsel lang hinzieht	**Elm, Hornbeam, Crab Apple, Walnut, Schafgarbe**

Fohlen

Siehe auch: Absetzen, Geburt, Zucht, Jungpferde, Auktionen, Aktionen

Anfangsschwierigkeiten im Alltag, beim Aufstehen, beim Trinken, nach anstrengender Geburt, bei nervöser Mutterstute, für Stute und Fohlen	**Sweet Chestnut, Red Chestnut, Olive, Notfalltropfen**
Als Jungpferde-Blüten zur Stärkung und Unterstützung, bei allen Problemen oder vor Veränderungen	**Chestnut Bud, Cerato, Gänseblümchen, Notfalltropfen**
Trauer, Verlust im Umkreis des Fohlens, Krankheit oder Tod der Stute, des Zwillings, des befreundeten Fohlens	**Star of Bethlehem, Birne, Engelwurz, Notfalltropfen**

Fohlen absetzen

Bereits vor dem Absetzen für Mutter und Fohlen	**Honeysuckle, Walnut, Star of Bethlehem, Chicory, Red Chestnut, Birne, Engelwurz**

Fohlen, scheu

Zurückhaltend dem Menschen gegenüber, mag sich nicht berühren lassen	**Water Violet**

Fohlen, schüchtern

Unsicheres, schüchternes Tier, Angst vor neuen Situationen oder Veränderungen im Tagesablauf, krankheitsanfällig, klebt stark an anderen Fohlen	**Larch, Mimulus, Pine, Hahnenfuß**

PRAXISTIPP Saugfohlen nehmen die Blüten über die Muttermilch auf. Geben Sie dafür einige Tropfen auf die Hand und reiben Sie das Euter damit ein oder verabreichen Sie die Mischung über das Futter der Stute.

Führen, Probleme beim Führen

Losstürmen, Pferd überholt die Führperson	**Impatiens, Vervain**
Rempeln, schubsen, Pferd achtet nicht auf die Führperson	**Impatiens, Vervain**
Häufiges Erschrecken, Wegspringen, Scheuen, Nervosität	**White Chestnut, Aspen, Mimulus, Rotklee**
Nur gelassen auf bekannten Wegen und wenn nichts Neues passiert	**Rock Water**
Schnappt beim Führen, rempelt, will den Weg bestimmen, angespannt, herrisch, eigensinnig	**Vine**

Fressen

Hektisch und nervös beim Fressen	**Impatiens**
Mäkeliges Fressen, häufig appetitlos	**Red Chestnut**
Immer hungrig, ständig am Futter interessiert	**Agrimony, Pine, Hahnenfuß, Birne**
Sortiert alles Unbekannte sofort aus, sehr wählerischer Fresser	**Crab Apple, Rock Water**

Futteraggressionen, Futterneid

Klopft gegen Boxenwand, beißt in Gitterstäbe, angelegte Ohren	**Impatiens, Star of Bethlehem**
Droht oder schnappt nach anderen Pferden, jagt andere Pferde weg, auf der Weide, beim Fressen, Tyrann	**Vine**
Futteraggressionen, greift andere Pferde beim Fressen und in anderen Situationen an, generell niedrige Reizschwelle	**Holly**
Droht oder schnappt nach anderen Pferden, jagt andere Pferde weg, auf der Weide, beim Fressen, weil es im Zentrum der Aufmerksamkeit des Menschen stehen will	**Heather**
Braucht viel Platz um sich beim Fressen, droht oder schnappt sonst	**Water Violet**
Kann anderen Pferden gegenüber beim Füttern oder Fressen richtig ausrasten, geht auf andere los, wirkt außer sich	**Cherry Plum**

G

Geborgenheit

Bedürfnis nach Geborgenheit, Schutz und Sicherheit, nach Umzug, Veränderung, auf Reisen	**Heather, Birne, Schafgarbe**

Geburt ✚

Geburtsvor- und -nachbereitung

Siehe auch: Fohlen, Zucht

Um die Stute in der Trächtigkeit zu unterstützen	**Elm, Walnut, Willow, Schafgarbe**

Nach starkem Stress während der Trächtigkeit, um die Gefahr des Abortes zu verringern	**Rock Rose, Star of Bethlehem, Elm, Vervain, Walnut, Birne, Notfalltropfen**
Bei leichten Koliken, besonderen Futtervorlieben oder -abneigungen während der Trächtigkeit	**Scleranthus**
Um die Stute während einer langen oder anstrengenden Geburt zu stärken, auch nach der Geburt zur Stärkung	**Elm, Hornbeam, Oak, Olive, Rock Rose, Star of Bethlehem, Walnut, Löwenzahn, Birne, Notfalltropfen**

Gehfreudigkeit!

Besonders gehfreudiges, eiliges, leistungsbereites Pferd, teilweise schwer zu regulieren oder zu bremsen	**Impatiens, Vervain**
Nach belastendem Alltag, zum Beispiel als Schulpferd auf Ferienhöfen, nach intensivem Training oder nach Turniersaison, wenig gehfreudig	**Hornbeam, Star of Bethlehem**
Leistungswilliges, etwas müdes und wenig gehfreudiges Schul- oder Sportpferd, zuverlässig, pflichtbewusst, häufig als Anfängerpferd eingesetzt, mitunter eigensinnig	**Oak, Rock Water**
Nach jahrelanger Überlastung wenig gehfreudig, Pferd wirkt schwunglos, müde und erschöpft	**Olive, Sweet Chestnut**

PRAXISTIPP Neben Blutwerten und allgemeiner Gesundheit auch die Passform des Sattels und Menge und Zusammensetzung des Futters überprüfen!

Gehorsam

Sehr gehorsam und beflissen, möchte alles richtig machen, reagiert mitunter auf die Gedanken des Reiters, wenig Selbstvertrauen, schnell entmutigt, verkriecht sich gerne hinter dem Zügel oder hinter anderen Pferden, fehlender „Glanz"	**Pine, Larch, Mimulus, Centaury, Hahnenfuß**
Übergehorsames Pferd, überbrav, übertolerant in der Herde	**Centaury**
Ein-Mann-Pferd, sehr auf den Besitzer bezogen, kann „seine Gedanken lesen", von anderen Personen nicht reitbar	**Red Chestnut**
Mangelnde Fähigkeit zum Miteinander in der Herde und mit dem Menschen, unbedingter Wille, sich durchzusetzen, auch massiv durch Drohen, Beißen, Schlagen	**Vine**

Geländesicher

Unsicher im Gelände, fürchtet sich schnell, verhaltenes, stockendes Gehen, häufiges Scheuen, klebt an anderen Pferden	**Larch, Mimulus, Rotklee**
Mit anderem Pferd zusammen unproblematisch, jedoch unberechenbar, wenn es allein geritten wird	**Aspen, Red Chestnut, Notfalltropfen**
Pferd neigt zu Scheuen, Durchgehen und Panikattacken, auch während akuter Panik	**Rock Rose, Star of Bethlehem, Cherry Plum, Aspen, Rotklee, Notfalltropfen**
Angespannt, unkonzentriert, erschrickt leicht, springt zur Seite weg, eilig	**White Chestnut**
Unaufmerksam, angespannt, sehr gehfreudig, schwer zu regulieren, will vorne gehen	**Vervain, Impatiens**

Unaufmerksam und unbeständig in Ausdauer und Zuverlässigkeit, heute so, morgen so	**Scleranthus**

Genickbeule

Neigung zu Schwellungen im Genick	**Water Violet, Clematis**

H

Hängerfahrten

Siehe auch: Verladen

Schwierig während der Hängerfahrt, hat Mühe, sich auszubalancieren, geht problemlos auf den Hänger, mag aber das Fahren nicht, schwitzt, zittert	**Scleranthus, Mimulus, Aspen, Clematis**

Hautprobleme ✚

Siehe auch: Allergien, Juckreiz

Juckender Nesselausschlag, Mauke, Hautallergie im akuten Stadium, Sommerekzem, betroffene Region fühlt sich warm an	**Holly, Cherry Plum, Crab Apple, Agrimony, Wild Oat**
Stumpfes, glanzloses, dünnes Fell, Pferd wirkt niedergeschlagen	**Gorse, Sweet Chestnut**
Juckreiz, häufiges Wälzen und Scheuern	**Crab Apple, Impatiens**
Wechselhafte und wandernde Hautsymptome, Hautpilz, betroffene Hautregionen wechseln	**Scleranthus**
Chronische Hauterkrankung	**Olive, Willow**

Headshaking

Eigentlich gefasst und unauffällig, jedoch starker Headshaker	**Cherry Plum, Star of Bethlehem**
Allergische Komponente	**Beech**
Unruhiges, leistungsbereites, etwas eigensinniges, unaufmerksames Pferd	**Vervain**
Unruhiges, schnell gereiztes, stressanfälliges Pferd	**Impatiens, Star of Bethlehem, White Chestnut, Notfalltropfen**
Liebes, aber schnell panisches Pferd	**Aspen, Rock Rose, Rotklee, Notfalltropfen**
Wechselhafte Symptome und Verlauf, unklare Auslöser, unklare Diagnose	**Scleranthus**

Heimweh

Schwierigkeiten, sich auf die neue Umgebung einzustellen, Infektanfälligkeit, auch vorbeugend bei Orts- oder Besitzerwechsel zur Unterstützung	**Walnut, Notfalltropfen**
Vor oder auf Reisen, nach Stall- oder Besitzerwechsel, wenn das Pferd Mühe hat, sich auf neue Umstände einzustellen, bei Appetitlosigkeit, Unruhe, Nervosität, kann auch vorbeugend gegeben werden, auch bei Stressanfälligkeit oder Appetitlosigkeit auf Turnieren, Seminaren, Urlauben	**Honeysuckle, Elm, Notfalltropfen**
Schwierigkeiten, sich auf die neue Umgebung einzustellen, Anfälligkeit, auch vorbeugend bei Orts- oder Besitzerwechsel zur Unterstützung	**Walnut, Birne, Notfalltropfen**
Um souverän mit Veränderungen der Umgebung, Bezugspersonen oder -pferden umgehen zu können	**Walnut, Gorse, Rock Water, Birne, Notfalltropfen**

Pferd kann sich in neuer Umgebung nur schwer konzentrieren, um inneres Gleichgewicht und das Immunsystem zu stärken	**Clematis, Notfalltropfen**
Um Problemen während des Transportes vorzubeugen	**Scleranthus als Reise-Blüte, Notfalltropfen**
Appetitlosigkeit und Nervosität in fremder Umgebung, Heimweh wegen der engen Bindung an ein anderes Pferd oder einen Menschen	**Red Chestnut, Notfalltropfen**
Heimweh des älteren Pferdes	**Rock Water, Gorse, Notfalltropfen**
Trauriges, zurückgezogenes Pferd, mangelnder Appetit, Bewegungsunlust, Leistungsschwäche in neuer Umgebung	**Mustard, Notfall-tropfen**
Pferd leidet extrem nach Veränderung der Lebensumstände, appetitlos, hoffnungslos, resigniert	**Gorse, Notfalltropfen**

Hengste

Albert beim Decken eher herum, traut sich nicht an die Stute heran, ungeschickt	**Chestnut Bud**
Deckt unzuverlässig, mangelnde Fruchtbarkeit, erschöpft nach zehrendem Deckeinsatz	**Hornbeam**
Eifrig, unkonzentriert, übermotiviert, „viel Lärm um nichts", verschreckt erst die Stute, deckt am Ende nicht	**Vervain**
Lieber, braver, unhengstiger Hengst, wenig Kampfgeist	**Hahnenfuß**
Wechselhaftes Verhalten, unzuverlässig beim Decken und im Umgang	**Scleranthus**

Hengstiges Verhalten!

Aggressiver Hengst oder hengstiger Wallach, reizbar und angriffslustig gegenüber Menschen oder Pferden, auch gegenüber Stuten	**Holly**
Aggressiver, schwieriger, ausgesprochen hengstiger Hengst, schnappt, droht, steigt, schlägt	**Vine**

Herde!

Nach Wechsel in neue Herde	**Walnut**
Ganz unten in der Rangordnung, wehrt sich nicht, orientiert sich stark an den anderen	**Larch, Mimulus, Centaury**
Wirkt trübsinnig und verloren in der Herde, Prügelknabe der anderen	**Sweet Chestnut, Larch**
Wird häufig grundlos angegriffen, versucht, sich unsichtbar zu machen, wehrt sich nicht	**Pine, Hahnenfuß**
Hat keinen besten Freund in der Herde, steht häufig für sich	**Water Violet**
Will immer die Aufmerksamkeit des Menschen, drängt andere ab, braucht die Gesellschaft der anderen Pferde, sorgt für Stress in der Herde, kann nicht allein zurückbleiben oder allein trainiert werden, unsozial, aggressiv, eifersüchtig, will immer im Mittelpunkt stehen	**Heather**
Wird schnell ungeduldig oder gereizt anderen Pferden gegenüber, droht, beißt oder schlägt, wirkt übellaunig	**Impatiens**
Übermotivierter Herdenführer, bringt viel Unruhe in die Herde, dominiert andere	**Vervain**
Dominantes, aggressives, schwieriges, zänkisches, herrisches Pferd, zänkisch, immer auf Krawall gebürstet	**Vine**

Greift häufig andere Pferde an, niedrige Reizschwelle, eifersüchtig	**Holly**
Vor Stresssituationen der Herde, um Panik zu vermeiden, z.B. an Silvester, vor Stallumbauten etc.	**Walnut, Star of Bethlehem, Rock Rose, Elm, Rotklee, Engelwurz, Notfalltropfen**
Ständige soziale Unruhe in der Herde, unharmonisches, instabiles Gefüge, Verletzungen, kaputte Zäune, Gerangel	**Brennnessel, Notfalltropfen**

PRAXISTIPP Von den letzten beiden Mischungen für die gesamte Herde geben Sie jeweils drei Tropfen täglich ins gemeinsame Trinkwasser der Pferde.

Hilfen

Zuverlässiges, mitunter etwas eigensinniges Verlasspferd, Leistungspferd, gleicht Reiterfehler aus, bestimmt aber auch gerne mal selbst	**Oak**
Gehfreudiges, mitunter etwas eigensinniges Leistungspferd, das gerne mindestens mitbestimmen will, wo es langgeht	**Vervain**
Unruhiges, hitzköpfiges, temperamentvolles Pferd, lässt sich nicht lenken, hört nicht zu	**Impatiens**
Schwieriges, stolzes, wenig unterordnungsbereites Pferd, Tendenz zu aggressivem Verhalten, verspannt, wachsam, typischer Herdenchef, der selbst bestimmen möchte	**Vine**

Hinlegen

Liegt viel, häufiger als andere Pferde	**Hornbeam** ✚

Erschöpftes, auch älteres Pferd, auch nach oder während längerer Krankheit, Pferd döst und liegt viel	**Olive** ✚
Liegt selten, springt sofort auf, wenn ein Mensch den Stall betritt	**Scleranthus, Gentian, Star of Bethlehem**
Liegt selten, seltener als andere Pferde, generell unruhig	**Scleranthus, Impatiens, Vervain, White Chestnut**

Hoffnung

Um nach Besitzerwechsel, während schwerer akuter oder chronischer Krankheit, bei Einschränkungen oder Problemen Hoffnung zu schöpfen und neue Möglichkeiten zu sehen	**Gorse**

Hufrehe ✚

Akute

Starke Schmerzen, Hitze, zusätzlich zur Therapie	**Impatiens, Elm**

Chronische

Bei chronischer Hufrehe mit immer wiederkehrenden Schüben	**Chestnut Bud, Olive, Gorse, Oak, Water Violet**

Husten, chronisch ✚

Schwächender Husten, Pferd wirkt erschöpft, zusätzlich zur Therapie	**Gorse, Olive**
Husten mit viel Schleim	**Crab Apple**

Starke, länger andauernde Hustenanfälle mit trockenem, bellendem Husten, Pferd ist geschwächt	**Rock Rose, Olive, Star of Bethlehem**

Hyperaktivität

Leicht abgelenktes Pferd, dessen Energie schnell verpufft, braucht viel Bewegung in der Freizeit und Abwechslung in der Arbeit, um gut mitmachen zu können	**Vervain**
Unfähig, sich länger auf eine Aufgabe zu konzentrieren	**Impatiens, Scleranthus, White Chestnut**
Pferd wird schnell nervös und unkonzentriert, wenn es sich unter Druck fühlt, ist angespannt, hibbelig, gereizt oder unkontrollierbar	**Cherry Plum, Star of Bethlehem**
Unruhiges, ungeduldiges Pferd mit sprunghaftem, überschießendem Verhalten	**Impatiens, Star of Bethlehem**
Jungpferd, leicht ablenkbar, nimmt alles ins Maul oder hampelt herum, unsicher, kurze Konzentrationsspanne	**Chestnut Bud, Cerato, Gänseblümchen**

PRAXISTIPP Überprüfen Sie, ob Ihr Pferd genügend freie Bewegung hat, auch im Winter. Artgerechte Haltung mit ganztägiger freier Bewegung und Kontakt zu anderen Pferden ist die beste Prophylaxe gegen Hyperaktivität.

Hypochonder

Braucht viel Aufmerksamkeit bei Krankheit oder anderen Problemen, leidet sehr, kann geradezu hysterisch wirken	**Chicory, Heather**

I

Immunsystem ✚

Siehe auch: Anfälligkeit, Anregung des Immunsystems

Krankheitsanfällig nach Anstrengung oder Veranstaltung	**Elm**
Krankheitsanfällig nach belastender Zeit, zum Beispiel nach intensivem Training, arbeitsreichem Sommer als Schul- oder Sportpferd	**Hornbeam**
Stärkt die Abwehrkraft und den körperlichen und seelischen Schutzschild sensibler, dünnhäutiger oder vielen Einflüssen ausgesetzter Pferde	**Schafgarbe**
Krankheitsanfälliges, schüchternes, schnell nervöses Tier, häufig Mobbingopfer	**Larch, Mimulus, Pine**
Um das Immunsystem vor Belastungen, Futter- oder Ortswechsel anzuregen	**Elm, Hornbeam, Crab Apple, Walnut, Schafgarbe**

Impulsivität

Gefasst und unauffällig, kann aber aus heiterem Himmel oder in bestimmten Situationen impulsiv reagieren oder explodieren	**Cherry Plum, Notfalltropfen**
Unberechenbarkeit, viele Ängste, Panikreaktionen, Unruhe, in akuten Fällen wie eskalierender Panik, wenn man seinem Pferd mehr stoisches „Ponygemüt" wünscht	**Rock Rose, Notfalltropfen**

Insekten

Starke psychische Reaktion auf Insekten (z.B. Bremsen, Dasselfliegen), Durchgehen, Kopfschlagen, Kopflosigkeit	**Mimulus, Rock Rose, Cherry Plum, Notfalltropfen**

In sich gekehrt

Abgekapseltes Pferd, nimmt wenig Kontakt zu Artgenossen oder zum Menschen auf	**Honeysuckle, Star of Bethlehem, Walnut, Water Violet, Engelwurz**
Versucht, sich unsichtbar zu machen, wehrt sich nicht, wenn es angegriffen wird, auch bei Tadel sehr schnell zu verschrecken, sehr gehorsames Tier, neigt zum Scheuen	**Pine**
Bemühtes, diszipliniertes Pferd, wenig kontaktfreudig, kein Schmuser	**Rock Water, Water Violet**
Steife, schwunglose, disziplinierte, in sich zurückgezogene Tiere, Rückenprobleme, angespannte, verhärtete Muskulatur	**Magnolie**

Interesse

Lethargisches, desinteressiertes Pferd, matt, nach chronischer oder schwerer Krankheit, schwerer Geburt, schwierigen oder tierschutzwidrigen Lebensumständen, um die Lebensgeister zu wecken	**Wild Rose, Star of Bethlehem**
Nach besonderer, lang andauernder Belastung, chronischer Krankheit oder Vernachlässigung, auch nach einem Abschied kraftlos, hoffnungslos	**Gorse, Olive, Star of Bethlehem**
Unkonzentriert, schwankend in Konzentration und Mitarbeit, verliert bei der Arbeit schnell Neugierde und Mut, behält Lektionen nicht, schwerfällig beim Lernen	**Chestnut Bud, White Chestnut, Cerato, Wild Oat**
Nimmt keinen Kontakt mit Artgenossen oder mit dem Menschen auf, steht häufig für sich, abgekapselt, kein Schmuser	**Water Violet**

Träge, schlaff, gleichgültig, teilnahmslos, verträumt, häufig innerlich abwesend oder nur immer mal wieder „nicht zu Hause"	**Clematis, Star of Bethlehem, Notfalltropfen**
Nach einer Veränderung in Herde, Umgebung, nach Besitzerwechsel unmotiviert, unglücklich, teilnahmslos	**Honeysuckle, Star of Bethlehem, Notfalltropfen**
Pferd und Mensch mit „Sackgassengefühl", festgefahren in öder Routine, freud- und schwunglos, ohne spannende Ziele	**Mustard, Rock Water, Walnut, Water Violet, Wild Oat**

J

Juckreiz

Siehe auch: Hautprobleme, Allergien

Um vorhandenen Juckreiz zu mildern	**Impatiens, White Chestnut, Wild Oat, Cherry Plum**
Juckreiz, häufiges Wälzen und Scheuern	**Crab Apple, Impatiens**
Starke Reaktion auf Insekten wie Bremsen, Dasselfliegen, Durchgehen, Kopfschlagen, Kopflosigkeit	**Mimulus, Rock Rose, Impatiens, Cherry Plum, Notfalltropfen**

Jungpferde

Bei allen Beschwerden oder Problemen junger Pferde, auch vorbeugend vor besonderen Terminen oder vor dem Anreiten	**Walnut**

Während der Anreitphase, um die Psyche des Pferdes zu stärken	**Chestnut Bud, White Chestnut, Cerato, Wild Oat, Walnut, Gentian, Gänseblümchen**
Typische Jungpferde-Blüte für Fohlen und Jungpferde in schwierigen Situationen, vor Veränderungen wie Wechsel der Weide oder Herde, Fellwechsel, Anweiden, bei Krankheit, in der Ausbildung zur Unterstützung oder bei Problemen wie Unkonzentriertheit	**Chestnut Bud, Cerato, Gänseblümchen**
Nach plötzlichem Leistungsabfall oder bei plötzlichem Rückschritt während der Anreitphase	**Elm, Gentian, Hornbeam, Honeysuckle, Walnut**
Unsicheres Jungpferd, schnell entmutigt, krankheitsanfällig, klebt stark an anderem Pferd	**Larch, Pine, Red Chestnut, Cerato, Schafgarbe**
Schwierigkeiten, sich lang zu konzentrieren, sehr hampelig und unaufmerksam	**Scleranthus, Rotklee**
Schreckhaft, unkonzentriert, unruhig, nervös	**White Chestnut, Rotklee**
Schwierigkeiten, sich unterzuordnen, starrsinnig, eigenwillig, schnappt, droht, geht gegen alles an	**Vine**
Schwierigkeiten beim Hufegeben, bei der Bodenarbeit, verliert schnell sein Gleichgewicht	**Scleranthus**
Gefühllosigkeit, scheint seinen Körper oder bestimmte Körperregionen nicht richtig zu fühlen, stößt sich häufig, schlechte Körperbalance, auch zur Unterstützung von Körpertherapien oder nach Wachstumsschüben	**Star of Bethlehem, Centaury, Cerato, Clematis, Engelwurz**

Jungpferd im Zahnwechsel

Wirkt jünger als es ist, orientiert sich stark an anderem Pferd, unselbstständig, Probleme im Zahnwechsel, Wachstumsprobleme	**Cerato, Walnut**

K

Klaustrophobie

Angst vor der Enge der Box, vor dem Anhänger, Sattelzwang	**Rock Rose, Star of Bethlehem, Walnut, Engelwurz, Notfalltropfen**

Kleben

Siehe auch: Allein bleiben

Klebt an anderem Pferd, kann in Panik geraten, wenn sein Freund die Herde verlässt	**Red Chestnut, Mimulus, Cerato, Pine, Star of Bethlehem, Notfalltropfen**

Koliken, häufige ⊞

Zusätzlich zur ärztlichen Diagnose und Therapie

Reizbares, eigenwilliges, angespanntes Pferd, das auch mal schlecht gelaunt Ohren anlegen oder schnappen kann	**Beech**
Bei akuter Kolik zusätzlich zur Therapie	**Impatiens, Rock Water, Star of Bethlehem, Löwenzahn, Notfalltropfen**
Ängstliches, schnell nervöses Pferd, das zu Überreaktionen neigt	**Aspen, Rock Rose, Star of Bethlehem, Notfalltropfen**

Häufig leichte Koliken während der Rosse	**Agrimony, Chestnut Bud, Scleranthus, Rock Water, Löwenzahn, Notfalltropfen**
Koliken treten nachts auf, angespanntes, mitunter sehr impulsives Pferd	**Cherry Plum, Rock Rose, Star of Bethlehem, Notfalltropfen**
Leichte Koliken kommen und gehen, begleitend bei Magengeschwüren	**Chicory, Scleranthus, Agrimony, Notfalltropfen**
Häufig milde Koliken, Pferd braucht und fordert viel Aufmerksamkeit	**Heather, Scleranthus, Notfalltropfen**

Konzentration

Siehe auch: Unaufmerksamkeit

Kurze Konzentrationsspanne, leicht ablenkbar, guckig	**Chestnut Bud, White Chestnut, Wild Oat, Gänseblümchen, Rotklee**

Kopfhaltung, hohe

Neigt zu hoher Kopfhaltung, Ungeduld, schwer zu regulieren	**Impatiens, Star of Bethlehem, Vervain**

Verspannt im Genick, Hals und Rücken, diszipliniertes, aber steifes Pferd mit wenig Schwung	**Rock Water, Star of Bethlehem**
Angespannt, schnell aufgeregt, Rückenverspannungen, mangelnde Losgelassenheit, hohe Leistungsbereitschaft, gehfreudig	**Löwenzahn**
Steife, schwunglose, disziplinierte, in sich zurückgezogene Tiere, Rückenprobleme, angespannte, verhärtete Muskulatur	**Magnolie**
Schwieriges, stolzes, wenig unterordnungsbereites Pferd, Tendenz zu aggressivem Verhalten	**Vine**

Tiefe Kopfhaltung, Aufrollen, Hinter-dem-Zügel-Gehen

Schüchternes Pferd, Jungpferd, auch beim Umtrainieren von „Rollkur" auf physiologische Haltung	**Chestnut Bud, Larch, Pine, Oak, Hahnenfuß**

PRAXISTIPP Überprüfen und verbessern Sie bei zu hoher oder tiefer Kopfhaltung oder Kopfschlagen Ihres Pferdes alle Faktoren, die zu Rückenschmerzen führen können: Hufbearbeitung, Passform des Sattels, Reitweise, Reitersitz, pferdegerechte Haltung!

Kopfschlagen

In Stresssituationen hektisches Kopf- oder Schweifschlagen, Trampeln, Lippenflappen u. Ä.	**Impatiens, Cherry Plum, Notfalltropfen**

PRAXISTIPP Probieren Sie bei hoher Körperspannung oder Anspannung Ihres Pferdes zusätzlich Tellington TTouches!

Koppen und andere Stereotypien

Gefasst und unauffällig, kann aber aus heiterem Himmel oder in bestimmten Situationen unberechenbar reagieren oder explodieren, koppt oder webt	**Cherry Plum, Rock Rose, Star of Bethlehem**
Unproblematisches Gute-Laune-Pferd, koppt oder webt jedoch	**Agrimony**
Koppt in Stresssituationen zur Selbstberuhigung	**Impatiens, Star of Bethlehem, Notfalltropfen**
Verlasspferd, sehr leistungsbereit und zäh, mitunter angespannt, koppt oder webt	**Oak**
Unruhiges, nervöses Pferd, schreckhaft, häufig unaufmerksam	**White Chestnut, Mimulus**

Körpergefühl

Schlechtes Körpergefühl, stößt sich häufig an Engpässen oder Stangen, Stolpern, Schlurfen	**Clematis, Centaury, Cerato**
Gefühllosigkeit, scheint seinen Körper oder bestimmte Körperregionen nicht richtig zu fühlen, auch zur Unterstützung von Körpertherapien oder nach Wachstumsschüben	**Star of Bethlehem, Engelwurz**
Angespanntes Gewohnheitstier mit starrem Muskelpanzer, wenig flexibel, schwunglos mit steifer Hinterhand, wenig Körpergefühl, pflichtbewusst	**Rock Water**
Wenig Körperspannung, überbeweglich im Halsbereich, Senkrücken, wenig Selbst- und Körperbewusstsein	**Centaury, Hahnenfuß**

Kraftlosigkeit

Siehe auch: Erschöpfung, Rekonvaleszenz, Schwäche

Wenn Sie das Gefühl haben, dass Ihr Pferd eine Reha oder Kur, Urlaub oder Tapetenwechsel braucht, nach langer Boxenruhe oder Schmerzphase kraftlos oder verspannt	**Olive, Rock Water**

PRAXISTIPP Eine Erholungspause auf der Weide mit lieben Pferdekollegen tut jedem Pferd gut! Dauerweidegänger dagegen brauchen manchmal mehr Abwechslung in ihrem Alltag!

Krankheit, akut ✚

Zur Stärkung der Abwehrkraft und Unterstützung der Heilung	**Elm, Hornbeam, Rock Water, Gentian, Impatiens**
Nach Antibiotikatherapie zur Ausleitung	**Crab Apple, Hornbeam**
Bei Fieber zusätzlich zur tierärztlichen Therapie	**Holly, Rescue Remedy**

Krankheit, chronisch ✚

Schwächende, länger bestehende Krankheit, Pferd wirkt erschöpft, hoffnungslos, zusätzlich zur Therapie	**Gorse, Olive, Sweet Chestnut, Star of Bethlehem**
Chronische oder schwere Krankheit oder nach OP, Pferd wirkt angestrengt, aber sehr vital und kämpferisch	**Oak, Star of Bethlehem**

Krankheitsanfällig

Aktiviert das Immunsystem vor belastenden Situationen oder bei anfälligen Pferden oder Jungtieren	**Clematis**

Um das Immunsystem vor Belastungen oder Ortswechsel anzuregen	**Elm, Hornbeam, Clematis, Crab Apple, Larch, Walnut, Schafgarbe**
Gutmütig, lieb und leistungsbereit, nimmt jede Krankheit mit	**Centaury**
Braucht viel Aufmerksamkeit, ständig kleinere Verletzungen, Beschwerden, Probleme	**Heather, Scleranthus**
Unsicheres, schüchternes Tier, Angst vor neuen Situationen, Veränderungen im Tagesablauf, krankheitsanfällig, eher still leidend und duldsam	**Larch, Pine**
Krankheitsanfällig nach Anstrengung oder Veranstaltung	**Elm**
Krankheitsanfällig nach belastender Zeit, zum Beispiel nach intensivem Training, arbeitsreichem Sommer als Schul- oder Sportpferd	**Hornbeam**

L

Leberstärkung

Siehe auch: Entgiftung

	Crab Apple, Rock Water, Chicory, Hornbeam, Gorse

Lernbereitschaft, Unterstützung und Probleme

Klassische Lern-Blüte, immer in Mischungen für Pferdeschüler geben	**Chestnut Bud**

Klassische Jungpferde- und Veränderungs-Blüte, hilft, sich auf neue Situationen einzustellen und in Zeiten von Veränderung gelassen und anpassungsfähig zu bleiben	**Walnut**
Neue „Lern-Blüte", hilft, Gelerntes zu sortieren und unterscheiden, stärkt Selbstvertrauen und Ausdauer	**Gänseblümchen**
Lernschwierigkeiten im Zahnwechsel, nach Krankheit oder anderer akut belastender Situation	**Elm, Engelwurz**
Bei nachlassender Lernbereitschaft, Unkonzentriertheit, Rückschritten, zeitweiser Überforderung	**Hornbeam, White Chestnut**
Braucht extrem kurze Arbeitseinheiten und viel Abwechslung, macht sonst nicht richtig mit, unbeständig, kurze Aufmerksamkeitsspanne	**Scleranthus**
Kann Übungen oder Bewegungsabläufe plötzlich nicht mehr, die es schon gelernt hatte, kann sich nur kurz konzentrieren, in Prüfungen unkonzentriert oder chaotisch	**White Chestnut**
Lernprobleme durch Unsicherheit, schnell nervös, ängstlich	**Larch, Mimulus, Cerato**
Pferde, die durch körperliche Probleme im Lernen beeinträchtigt sind, Stuten, die sich wegen der Rosse schlecht konzentrieren können, allgemein kurze Konzentrationsfähigkeit	**Wild Oat, Scleranthus**
Nach überfordernden Situationen unsicher, teilnahmslos, matt	**Clematis, Star of Bethlehem, Engelwurz, Notfalltropfen**
Nach anstrengendem Training oder viel Neuem, um körperlicher oder mentaler Erschöpfung vorzubeugen und die Regeneration zu unterstützen	**Olive, Löwenzahn, Sweet Chestnut, Vervain, Engelwurz**

PRAXISTIPP Beschäftigen Sie Ihr Jungpferd möglichst abwechslungsreich und halten Sie die Trainingseinheiten kurz, um nachlassender Lernbereitschaft, Unkonzentriertheit oder Überforderung vorzubeugen.

Losgelassenheit, mangelnde

Kann sich erst nach munteren Trab- oder Galopprunden lösen, Schritt genügt ihm nicht	**Impatiens**
Lange Lösungsphase des älteren, angespannten Schul- oder Sportpferdes, auch bei Arthrose	**Oak, Rock Water, Star of Bethlehem**
Braucht generell lang, um loszulassen, sehr gehfreudig, unruhig, angespannt	**Vervain**
Abgekapseltes, steifes Pferd, kein Schmuser, wenig zugänglich, starr und schwunglos, giftet nach anderen Pferden, wenn diese zu nah kommen	**Water Violet**
Angespannt, schnell aufgeregt, hohe Kopfhaltung, Rückenverspannungen, hohe Leistungsbereitschaft, gehfreudig	**Löwenzahn**
Steife, schwunglose, disziplinierte, in sich zurückgezogene Tiere, Rückenprobleme, angespannte, verhärtete Muskulatur	**Magnolie**
Schwieriges, stolzes, wenig unterordnungsbereites Pferd, Tendenz zu aggressivem Verhalten, angespannt, wachsam, typischer Herdenchef, der selbst bestimmen möchte und gerne Machtkämpfe ausficht	**Vine**
Angespannt, weil es immer alles richtig machen möchte	**Pine**

PRAXISTIPP Probieren Sie bei hoher Körperspannung oder Anspannung Ihres Pferdes zusätzlich Tellington TTouches!

Lustlosigkeit

Wenig munter, schwer zu begeistern, triebig, schwunglos	**Mustard, Gorse, Sweet Chestnut**
Vitalitätsarmes, müdes, interesseloses Pferd, auch nach Stall- oder Besitzerwechsel	**Honeysuckle, Star of Bethlehem, Notfalltropfen**
Lustlosigkeit nach intensivem Arbeitsintervall als Schul- oder Sportpferd, nach Decksaison	**Hornbeam**

PRAXISTIPP Überprüfen Sie Blutwerte, Haltung und Training Ihres Pferdes. Sorgen Sie für Abwechslung und einen pferdegerechten und fröhlichen Alltag!

M

Mattigkeit

Siehe auch: Lustlosigkeit, Erschöpfung, Kraftlosigkeit

Massage

Bei Muskelverspannungen im Rückenbereich helfen	**Oak, Olive, Rock Water, Löwenzahn**
Bei Muskelverspannungen im Bauchbereich setzen Sie dem Massagewasser zu	**Agrimony, Impatiens, Chicory**

PRAXISTIPP Alle Blüten-Essenzen lassen sich in handwarmem Massagewasser anwenden. Sie werden dann über die Haut aufgenommen. Für Pferde kein Massageöl benutzen! **!**

Maul, lässt sich nicht anfassen

Weil es etwas Negatives erwartet (Wurmkur, Zahnarzt)	**Star of Bethlehem, Rock Water, Water Violet, Willow, Gentian**

Weil es sich ungern fixieren lässt	**Vervain, Vine, Water Violet, Impatiens**

Mobbing

Siehe auch: Herde, Aggression, Dominanz

Mobbing, Opfer

Wird häufig grundlos angegriffen, versucht, sich unsichtbar zu machen, wehrt sich nicht	**Pine**
Unsicheres, schüchternes Tier, Angst vor neuen Situationen, Veränderungen im Tagesablauf, eher still leidend und duldsam, wehrt sich nicht	**Larch, Mimulus, Gänseblümchen, Hahnenfuß**
Ständige Unruhe in der Herde, Verletzungen, kaputte Zäune, Gerangel, Mobbing	**Brennnessel** Verabreichung: ins Trinkwasser der gesamten Herde täglich fünf Tropfen, bis Besserung eintritt

Mobbing, Täter

Siehe auch: Aggression, Herde, Dominanz

Muskelkater

Nach körperlicher Anstrengung zur Vermeidung von Muskelkater	**Olive, Löwenzahn, auch äußerlich**

Muskelverspannungen

Siehe auch: Anspannung, Massage

N

Nachtragend

Verzeiht Fehler nicht so schnell, nimmt Tadel, Grobheiten oder ungerechte Behandlung sehr übel	**Beech, Holly, Willow**

Nervosität

Innere Nervosität, angespannt, leicht aufbrausend, in Stresssituationen hampelig	**Impatiens**
Schreckhaft und angespannt, springt schnell zur Seite, zuckt zusammen, sieht „Gespenster", viele Ängste, z.B. vor Kühen	**White Chestnut, Rotklee**
Ängstlich, dünnhäutig, empfindsam, nervös, wird unter Druck, bei Prüfungen oder in neuer Umgebung nervös und scheut schnell	**Mimulus, Rotklee**
Kann vor Nervosität zittern oder schwitzen, lässt sich nur schwer beruhigen, sehr sensibel	**Aspen, Star of Bethlehem, Schafgarbe, Engelwurz, Notfalltropfen**
Nervös, weil es andere Pferde oder Menschen vermisst, an die es sich besonders eng angeschlossen hat	**Red Chestnut**
Schüchternes, wenig selbstbewusstes Pferd, ängstlich und unsicher	**Larch, Pine, Hahnenfuß**

O

Ohrspeicheldrüse

Bei Futterumstellungen von Stall auf Weide oder aus anderen Gründen Schwellung der Ohrspeicheldrüse	**Water Violet, Walnut, Schafgarbe**

Operationen, Vor- und Nachsorge von OPS

Siehe auch: Anfälligkeit, Anregung des Immunsystems

Vor und nach der Operation, zur Anregung der Lebenskraft	**Gentian, Rock Water**
Vor und nach der Operation, um das seelische und körperliche Gleichgewicht zu stärken und die Heilung zu unterstützen	**Notfalltropfen**
Wenn die äußeren Umstände, z. B. Klinik, fremde Menschen, das Pferd irritieren oder ängstigen	**Notfalltropfen oder Rock Rose**
Stärkt die Abwehrkraft und den körperlichen und seelischen Schutzschild sensibler, dünnhäutiger oder vielen Einflüssen ausgesetzter Pferde	**Schafgarbe**
Stärkend in stressreicher, belastender Zeit, unterstützend, regt die Selbstheilungskraft an, wenn das Pferd sehr geschwächt ist	**Olive, Oak, Rotklee, Engelwurz**
Pferd erholt sich nicht richtig nach Unfall, Operation oder schwerer Krankheit, wirkt weiterhin matt, erschöpft	**Gentian, Sweet Chestnut, Wild Rose**

Osteopathie

Um den Erfolg einer osteopathischen Behandlung zu stabilisieren	**Walnut, Löwenzahn**
Steife, schwunglose Tiere, Rückenprobleme, angespannte, verhärtete Muskulatur, wiederkehrende Blockaden der Wirbelsäule	**Magnolie**

P

Panik

Siehe auch: Angst, Geländesicherheit, Durchgehen

Pferd neigt zu Scheuen, Durchgehen und Panikattacken, auch während akuter Panik	**Rock Rose, Star of Bethlehem, Cherry Plum, Rotklee, Notfalltropfen**
Gerät in Panik, wenn es allein zurückbleibt, sehr eng an ein anderes Pferd angeschlossen	**Cerato, Red Chestnut**

Prüfungen

Für Pferd und Besitzer, um gelassen zu bleiben und sich konzentrieren zu können	**Elm, Olive, Hornbeam**
Prüfungskombination nach Barnard	**Gentian, Elm, Clematis, Larch, White Chestnut**
Schreckhaft und angespannt, springt schnell zur Seite, zuckt zusammen, sieht „Gespenster", viele Ängste, z. B. vor Kühen	**White Chestnut, Mimulus**
Kein Verlasspferd für Prüfungen, wird schnell nervös, scheut, traut sich nichts zu	**Larch, Mimulus, Pine, Hahnenfuß, Engelwurz**
Absolutes Verlasspferd in Prüfungen, ist jedoch sehr angespannt	**Oak**
Leistungsbereites, gehfreudiges Pferd, Kampfgeist, eigenwillig	**Vervain**
Unbeständig in Prüfungen, schwer vorhersagbar, wie es sich verhält	**Scleranthus**
Unbeständig, weil es immer den gleichen Ablauf braucht und durch Veränderungen schnell irritiert ist	**Rock Water**

R

Regen

Mag keinen Regen, deutliche Abwehrreaktion, Kopfschlagen, Schräglaufen, Weben	**Crab Apple, Mimulus, Rotklee**

Reisemischung

Siehe auch: Heimweh, Verladen

Einige Tage vor bis nach dem Verreisen zur Unterstützung des inneren Gleichgewichtes	**Scleranthus, Walnut, Elm, Schafgarbe plus Notfalltropfen**

Reizbarkeit

Angespanntes, ungeduldiges Pferd, neigt zu heftigen Reaktionen und Gereiztheit	**Impatiens**
Abgekapseltes, steifes Pferd, wenig zugänglich, starr und schwunglos, giftet nach anderen Pferden, wenn diese zu dicht aufreiten, gereizt, wenn es nicht genug Raum um sich hat	**Water Violet**
Schwieriges, stolzes, wenig unterordnungsbereites Pferd, Tendenz zu aggressivem Verhalten, droht, schnappt oder schlägt, verspannt, wachsam, typischer Herdenchef mit Spaß an Machtkämpfen	**Vine**

Rekonvaleszenz

Siehe auch: Operation

Nach schwerer Krankheit, Operation oder Überforderung zur Unterstützung der Genesung	**Oak, Hornbeam, Olive, Star of Bethlehem, Walnut, Honeysuckle, Rotklee, Notalltropfen**

Pferd erholt sich nicht richtig nach Unfall, Operation oder schwerer Krankheit, wirkt weiterhin matt, erschöpft	**Olive, Gorse, Sweet Chestnut, Wild Rose, Rotklee, Notfalltropfen**
Wenn Sie das Gefühl haben, dass Ihr Pferd eine Reha oder Kur, Urlaub oder Tapetenwechsel braucht, nach langer Boxenruhe oder Schmerzphase kraftlos oder verspannt	**Olive, Rock Water, Notfalltropfen**

PRAXISTIPP Eine Erholungspause auf der Weide mit lieben Pferdekollegen tut jedem Pferd gut! Dauerweidegänger dagegen brauchen manchmal mehr Abwechslung in ihrem Alltag!

Rosse

Siehe auch: Zucht

Wechselhafte Leistungen, mangelnde Leistungsbereitschaft im Zusammenhang mit der Rosse	**Mustard, Scleranthus, Walnut**
Schwach ausgeprägte Rosse, häufig „unsichtbare", stille Rosse	**Pine, Birne**
Unregelmäßige, schwache oder stille Rosse, wiederkehrende Scheideninfektionen, Fruchtbarkeitsprobleme	**Schafgarbe**
Fruchtbarkeitsprobleme, schwache oder stille Rosse	**Rock Water, Birne**
Häufige Zyklusschwankungen, unterschiedlich ausgeprägte, unvorhersagbare Rosse	**Scleranthus, Birne**

Rückenprobleme

Schwacher oder stark verspannter Rücken, gutmütiges, liebes Pferd, das jeden und alles trägt	**Centaury**

Schwacher Rücken, Senkrücken, weicher Rücken	**Hahnenfuß**
Schwieriges, stolzes, wenig unterordnungsbereites Pferd, Tendenz zu aggressivem Verhalten, angespannt, wachsam, mangelnde Losgelassenheit	**Vine**
Abgekapseltes, steifes Pferd, kein Schmuser, wenig zugänglich, starr und schwunglos, Muskelverspannungen und Arthrose	**Water Violet**
Steife, schwunglose, disziplinierte, in sich zurückgezogene Tiere, Rückenprobleme, wiederkehrende Blockaden der Wirbelsäule, angespannte, verhärtete Muskulatur	**Magnolie**
Muskelverspannungen, auch Arthrose des älteren Schul- oder Sportpferdes, Pferd „funktioniert" trotz Schmerzen	**Oak, Rock Water, Star of Bethlehem**
Nach großer körperlicher Anstrengung, um Muskelkater, Rückenschmerzen und mentaler Erschöpfung vorzubeugen und die Regeneration zu unterstützen	**Olive, Löwenzahn, Sweet Chestnut, Vervain**
Bei Beckenschiefstand oder anderen, immer wiederkehrenden osteopathischen Problemen, z.B. mit dem ISG	**Scleranthus**

PRAXISTIPP Bei Rückenproblemen immer ganzheitlich behandeln und Hufe, Zähne, Sattel, Reitweise, Reiterschiefe sowie die Haltung mit mindestens halbtägiger freier Bewegung und Sozialkontakten überprüfen bzw. optimieren.

S

Satteln, Unruhe beim Satteln

Trampeln, Zappeln, Schnappen, Treten, Aufpumpen	**Mimulus, Aspen, Star of Bethlehem**

Sattelzwang

Siehe auch: Trauma

Große Angst und Panik beim Satteln und Nachgurten, Steigen mit Gefahr des Überschlagens, mitunter auch „stille" Angststarre, Zusammensacken	**Cherry Plum, Rock Rose, Star of Bethlehem, Rotklee, Notfalltropfen**

Scheuen

Scheuen in vielen unterschiedlichen Situationen	**Aspen, Rotklee, Notfalltropfen**
Scheuen und Angst bei bestimmtem Auslöser, zum Beispiel nach einem Schuss, beim Anblick von LKWs, Schafen etc.	**Rock Rose, Mimulus, Star of Bethlehem, Notfalltropfen**
Unruhig und nervös, schreckhaft und angespannt, springt schnell zur Seite, zuckt zusammen, sieht „Gespenster", viele Ängste, z.B. vor Kühen	**White Chestnut, Rotklee, Notfalltropfen**

Schlundverstopfung, Neigung zu Schlundverstopfung

Siehe auch: Notfälle

Nach hastigem Fressen, bei Stress	**Impatiens, Star of Bethlehem, Notfalltropfen**
In Stresssituation, zum Beispiel Fressen in fremder Umgebung, in neuer Box, in hektischer Stimmung	**Elm, Star of Bethlehem, Walnut, Löwenzahn, Notfalltropfen**
Stressanfälliges Pferd, neigt zu Scheuen, Durchgehen, Panikattacken oder körperlichen Symptomen während akutem Stress	**Rock Rose, Star of Bethlehem, Notfalltropfen**

PRAXISTIPP Bei häufigen Schlundverstopfungen können Sie das innere Gleichgewicht Ihres Pferdes mit Bach-Blüten stärken. Denken Sie aber auch daran, die Zähne Ihres Pferdes kontrollieren zu lassen!

Schmerzen !

Siehe auch: Notfälle

Akut

Bei plötzlichen Schmerzen zusätzlich zur Therapie	**Holly, Impatiens, Star of Bethlehem, Notfalltropfen**
Bei Rückenschmerzen, Muskelkater	**Olive, Impatiens, Löwenzahn, Notfalltropfen**

Chronisch

Müdigkeit, Erschöpfung und Niedergeschlagenheit während chronischer Schmerzsituation	**Gorse, Notfalltropfen**
Überempfindlich bei Schmerz	**Aspen, Mimulus, Heather, Chicory, Notfalltropfen**

Schmerzgedächtnis !

Ausweichbewegungen, Schonhaltung oder Lahmen, obwohl das gesundheitliche Problem nicht mehr besteht und die Schmerzphase überstanden ist	**Mimulus, Wild Rose, Rotklee**
Anhaltende Schmerzreaktion, für die es eigentlich keine Ursache mehr gibt, nach belastendem, negativem Erlebnis, zum Beispiel nach Unfall, Sturz, pferdeunfreundlichem Training	**Star of Bethlehem, Willow, Engelwurz, Notfalltropfen**

Schmied

Misstrauisch, lässt sich ungern von Fremden berühren	**Gentian, Notfalltropfen**
Angst vor dem Schmied, nervös, zappelig	**Mimulus, Star of Bethlehem, Notfalltropfen**

Panik vor dem Schmied, geht die Boxenwände hoch, reißt sich los, kickt, wirft sich hin	**Cherry Plum, Rock Rose, Star of Bethlehem, Rotklee, Notfalltropfen**
Angst nach traumatischem Erlebnis mit dem Schmied	**Star of Bethlehem, Notfalltropfen**

Schock

Siehe auch: Notfälle, Trauma

Schwäche

Nach längerer Krankheit mit Fieber oder Blutverlust, nach Operationen	**Olive, Star of Bethlehem, Rotklee, Notfalltropfen**
Nach Überforderung, Erschöpfung wegen aktueller Überanstrengung, momentane Kraftlosigkeit	**Elm, Schafgarbe, Notfalltropfen**

Schweifschlagen

In Stresssituationen hektisches Kopf- oder Schweifschlagen, Trampeln, Lippenflappen u. Ä.	**Impatiens**

Schwellungen

Angelaufene Beine oder Schwellungen im Bauchbereich	**Clematis, Schafgarbe**

Schwitzen

Starkes Schwitzen während der Arbeit, bei Prüfungen, auch Nachschwitzen	**Mimulus**

Schwung

Siehe auch: Gehfreude, Anspannung

Schwunglose Bewegungen, insgesamt matt, Verlasspferd mit großem Leistungswillen	**Oak, Hornbeam**
Angespanntes, steifes Pferd mit hartem Trab, diszipliniert, aber auch eigensinnig und wenig flexibel bei Veränderungen in der Routine	**Rock Water**
Schwieriges, stolzes, wenig unterordnungsbereites Pferd, Tendenz zu aggressivem Verhalten, verspannt, steif, mangelnde Losgelassenheit	**Vine**
Abgekapseltes, steifes Pferd, kein Schmuser, wenig zugänglich, starr und schwunglos	**Water Violet**
Steife, schwunglose, disziplinierte, in sich zurückgezogene Tiere, Rückenprobleme, angespannte, verhärtete Muskulatur	**Magnolie**
Schwunglose, steife Bewegungen, Pferd wirkt matt und erschöpft	**Olive, Sweet Chestnut**

Selbstvertrauen

Siehe auch: Vertrauen, Unsicherheit, Gehorsam

Silvester

Vorbeugend gegen Unruhe oder Angst beim Feuerwerk	**Rock Rose, Aspen, Mimulus, Star of Bethlehem, Rotklee**
Bei Panik während des Feuerwerks	**Notfalltropfen oder zu obiger Mischung zusätzlich Cherry Plum**

Sommerekzem

Warme, entzündete Haut, allergisches Ekzem	**Holly, Beech**
Stark schuppende Haut, Unruhe, mäkeliges Tier, starker Juckreiz	**Crab Apple**
Um den Juckreiz zu lindern	**Impatiens, Cherry Plum, Notfalltropfen**
Abgekapseltes, steifes Pferd, kein Schmuser, wenig zugänglich, starr und schwunglos, giftet nach anderen Pferden, wenn diese zu nah kommen, hartnäckiges Ekzem	**Water Violet**
Stärkt die Abwehrkraft und das körperliche und seelische Schutzschild sensibler, dünnhäutiger oder vielen Einflüssen ausgesetzter Pferde	**Schafgarbe**
Bei hartnäckigem, therapieresistentem Ekzem, nichts hilft langfristig	**Star of Bethlehem**

Stallwechsel

Siehe auch: Heimweh

Unterstützend in der Übergangsphase während des Einlebens	**Honeysuckle, Walnut, Elm, Larch, Mimulus, Engelwurz, Notfalltropfen**
Zur Unterstützung der Umstellungsphase beim älteren Pferd	**Rock Water, Walnut, Engelwurz, Notfalltropfen**
Pferd wirkt nach Stallwechsel aus der Spur, verwirrt oder verzagt	**Elm, Star of Bethlehem, Walnut, Engelwurz, Notfalltropfen**
Pferd nimmt keinen Kontakt zu Artgenossen oder zum neuen Besitzer auf, abgekapselt, unzugänglich	**Water Violet, Engelwurz, Notfalltropfen**

Schwierigkeiten beim Einleben in fremder Umgebung, vorsichtiges, zurückhaltendes Pferd	**Gentian, Star of Bethlehem, Walnut, Engelwurz, Notfalltropfen**
Nach häufigen Stall- oder Besitzerwechseln mattes, krankheitsanfälliges oder wenig leistungsbereites Pferd	**Gorse, Star of Bethlehem, Walnut, Engelwurz, Notfalltropfen**

Steifigkeit

Siehe auch: Anspannung, Verspannungen

Steigen !

Siehe auch: Stress

Gefasst und unauffällig, kann aber aus heiterem Himmel oder in bestimmten Situationen unberechenbar reagieren und steigen	**Cherry Plum, Star of Bethlehem, Notfalltropfen**
Steigt in Stresssituationen, schnell ungeduldig oder gereizt	**Impatiens, Star of Bethlehem, Notfalltropfen**
Steigen als Mittel, seinen Willen durchzusetzen, wenig unterordnungsbereites Pferd	**Vine, Notfalltropfen**
Steigt in Stresssituationen, wenn es nicht flüchten kann	**Mimulus, Star of Bethlehem, Rotklee, Notfalltropfen**

Stolpern

Siehe auch: Schmied

Stolpern aus Unachtsamkeit, Unaufmerksamkeit, auch, um das Körpergefühl zu verbessern	**Clematis, Cerato, Star of Bethlehem**

Vermehrtes Stolpern nach längerfristigem, anstrengendem Einsatz oder längerer Krankheit, z. B. Rehe	**Elm, Hornbeam, Oak**
Stolpern des älteren Schul- oder Sportpferdes mit Arthrose	**Rock Water**

Stress, stressanfällig

Vorbeugend vor Stresssituationen	**Elm, Mimulus, Hornbeam, Rotklee**
Reagiert auf Veränderungen mit Krankheit, Appetitlosigkeit, Rückzug, verminderter Leistungsbereitschaft	**Honeysuckle, Star of Bethlehem, Walnut**
Wird schnell unruhig, nervös, gereizt	**Impatiens**
In neuen Situationen, bei der Begegnung mit Unbekanntem schnell hektisch oder nervös	**Mimulus, Rotklee**
Stressanfälliges Pferd, neigt zu Scheuen, Durchgehen und Panikattacken, auch während akuter Panik	**Rock Rose, Cherry Plum, Star of Bethlehem, Rotklee**
Blockiert bei Stress, erstarrt, steht still, wirkt „stur"	**Rock Rose, Star of Bethlehem, Clematis**

Sturz

Nach Stürzen mit oder ohne Reiter	**Star of Bethlehem, Rotklee, Notfalltropfen**

Stute

Siehe auch: Zucht, Rosse

Sturheit

Siehe auch: Eigensinn, Gehorsam, Stress

T

Therapien schlagen nicht an

Wenn Therapien nicht anschlagen	**Gorse, Holly, Hornbeam, Olive, Wild Oat**
Bei chronischen körperlichen Erkrankungen wie Allergien, Arthrosen, die sich nur wenig bessern, bei psychischen Problemen, die sich scheinbar wenig beeinflussen lassen	**Star of Bethlehem**

Tierarzt

Misstrauisch, lässt sich ungern von Fremden berühren	**Gentian, Notfalltropfen**
Ungeduldig, kann nicht lange still stehen, auch gereizt oder angriffslustig	**Impatiens, Notfalltropfen**
Angst vor dem Tierarzt, nervös, zappelig	**Mimulus, Star of Bethlehem, Rotklee, Notfalltropfen**
Kann vor Angst die Boxenwände hochgehen, unberechenbare Panik, greift notfalls auch an	**Cherry Plum, Rock Rose, Star of Bethlehem, Rotklee, Notfalltropfen**

Tierschutz

Nach Vernachlässigung, Misshandlung, Animal Hoarding	**Star of Bethlehem, Rotklee, Notfalltropfen**
Apathisch, erschöpft, wenig Lebenswillen	**Sweet Chestnut, Notfalltropfen**

Tierschutzpferd, vernachlässigt, abgemagert, matt und stumpf wirkend, ohne Lebensmut, nimmt keinen Kontakt zum Menschen auf	**Gorse, Sweet Chestnut, Star of Bethlehem, Water Violet, Clematis, Rotklee, Engelwurz, Notfalltropfen**

Training

Bei beginnendem Training nach Trainingspause	**Elm**
Bei beginnendem Training eines Jungpferdes	**Chestnut Bud, Cerato, Elm, Gentian, Gänseblümchen**
Nach ungewohnter körperlicher Anstrengung, um Muskelkater und mentaler Erschöpfung vorzubeugen und die Regeneration zu unterstützen	**Olive, Löwenzahn, Sweet Chestnut, Vervain**

Transport

siehe auch: Hänger, Verladen

Trauer !

Aktueller oder länger zurückliegender Verlust oder tief greifende Veränderung im Leben des Pferdes, chronische Erkrankung, mattes, traurig wirkendes Pferd	**Honeysuckle, Notfalltropfen**
Nach akutem oder länger zurückliegendem Schreck, Schock, Verlust	**Star of Bethlehem (Heil- und Trost-Blüte, „seelisches Arnika“), Notfalltropfen**
Starke Trauer mit Appetitlosigkeit, Bewegungsunlust, körperlicher Krankheit nach Verlust, auch nach schwerer Krankheit, schwerem Unfall, schwerem Missbrauch, Gewalt oder tierschutzwidriger Haltung	**Sweet Chestnut, Star of Bethlehem, Notfalltropfen**

Traurig, schwung- und antriebslos ohne bekannten oder erkennbaren Grund, übernimmt die Schwermut des Besitzers	**Mustard, Notfalltropfen**
Bei chronischer Krankheit, nach schwerer Krankheit, nach Trennung oder dem Tod eines Pferdekumpels oder einer Bezugsperson	**Gorse, Star of Bethlehem, Notfalltropfen**

Trauma, akut ✚

Nach akutem Schreck, Schock, Unfall, schwerer Verletzung, Heil- und Trost-Blüte, „seelisches Arnika"	**Star of Bethlehem (Heil- und Trost-Blüte, „seelisches Arnika"), Notfalltropfen**
Nach akuter seelischer oder körperlicher Belastung	**Rotklee, Notfalltropfen**
Nach akuter Belastung wirkt das Pferd unkonzentriert, nervös oder ist körperlich anfällig	**Elm, Star of Bethlehem, Notfalltropfen**
Nach schwerer Geburt für Mutterstute und Fohlen, um den Lebenswillen anzufachen	**Wild Rose, Rock Rose, Star of Bethlehem, Notfalltropfen**

Trauma, alt

Wirkt auch nach lange zurückliegendem Trauma heilend	**Star of Bethlehem, Honeysuckle, Rotklee, Notfalltropfen**
Energieloses, erschöpftes Pferd, kann sich nicht entspannen, bei altem Trauma, z. B. abruptes, zu frühes Absetzen, Unfall oder Operation	**Olive, Star of Bethlehem, Sweet Chestnut, Rotklee, Notfalltropfen**
Reagiert bei Stress oder neuen Situationen mit Panik, scheut schnell, ängstliches, angespanntes Pferd	**Rock Rose, Star of Bethlehem, Rotklee, Notfalltropfen**

Tierschutzpferde, vernachlässigte Tiere, matt und stumpf wirkend, ohne Lebensmut	**Clematis, Gorse, Sweet Chestnut, Star of Bethlehem, Rotklee, Notfalltropfen**
Pferd ist häufig in bestimmten oder unbestimmten Situationen geistig abwesend, dissoziiert, steht zum Beispiel vor dem Pferdeanhänger, ohne sich zu rühren, oder dreht teilnahmslose Runden unter dem Reiter	**Clematis, Star of Bethlehem, Engelwurz, Notfalltropfen**
In sich zurückgezogenes Pferd mit wenig Ausstrahlung, möchte alles richtig machen, schnell entmutigt oder erschreckt	**Pine, Notfalltropfen**

Triebigkeit

Siehe auch: Gehfreudigkeit, Schwung

Trockenreiten

Pferd schwitzt stark, schwitzt auch nach	**Mimulus**
Pferd kann sich beim Trockenreiten nicht gut entspannen, trabt immer wieder an, hohe Kopfhaltung	**Vervain**
Schreckhaft, springt schnell zur Seite, zuckt zusammen, sieht „Gespenster", viele Ängste, beim Trockenreiten eilig und angespannt	**White Chestnut, Rotklee**

Turniere

Siehe auch: Aktionen, Auktionen, Prüfungen, Verweigern

Routinier, kommt aber nicht mit Veränderungen gewohnter Abläufe zurecht	**Rock Water**

Die gut bewährte Prüfungskombination nach Barnard sorgt bei Turnieren für Mut, Selbstvertrauen, Gelassenheit, Konzentration und Präsenz	**Prüfungsmischung nach Barnard: Gentian, Elm, Larch, Clematis, White Chestnut**

U

Unaufmerksamkeit, Konzentrationsschwäche

Träumt herum, lässt sich leicht ablenken, wirkt immer ein wenig abwesend	**Clematis, Star of Bethlehem**
Macht nicht richtig mit, unaufmerksam, macht immer die gleichen Fehler	**Chestnut Bud**
Jungpferd, schnell ablenkbar, kurze Aufmerksamkeitsspanne	**Chestnut Bud, White Chestnut, Wild Oat, Cerato, Gänseblümchen**
Unsicheres, schüchternes Tier, Angst vor neuen Situationen, Veränderungen im Tagesablauf, unaufmerksam aus Nervosität	**Larch, Star of Bethlehem**
Kann sich nicht lange konzentrieren, sprunghaft in seiner Aufmerksamkeit, wechselhafte, keine konstante Leistungsbereitschaft	**Scleranthus**
Schreckhaft und angespannt, unaufmerksam, springt schnell zur Seite, zuckt zusammen, sieht „Gespenster", viele Ängste, z.B. vor Kühen, kann Übungen oder Bewegungsabläufe plötzlich nicht mehr, die es schon gelernt hatte, in Prüfungen unkonzentriert oder chaotisch	**White Chestnut**
Unaufmerksam, unruhig, schnell abgelenkt, will dauernd durchstarten, hört nicht richtig zu	**Vervain**
Kann sich nach einem negativen Erlebnis nicht mehr richtig konzentrieren	**Star of Bethlehem, Gentian**

Unberechenbarkeit

Gefasst und unauffällig, kann aber aus heiterem Himmel oder in bestimmten Situationen unberechenbar reagieren oder explodieren	**Cherry Plum, Rock Rose, Star of Bethlehem, Notfalltropfen**
Schwieriges, stolzes, wenig unterordnungsbereites Pferd, Tendenz zu aggressivem Verhalten, verspannt, wachsam, typischer Herdenchef, der selbst bestimmen möchte	**Vine, Notfalltropfen**

Unfruchtbarkeit

Siehe auch: Zucht, Rosse

Stute nimmt nicht auf	**Crab Apple, Pine, Rock Water, Star of Bethlehem, Walnut, Water Violet**

Ungeduld

Nimmt Lektionen voraus, kann nicht still stehen	**Impatiens**

Ungehorsam

Siehe auch: Eigensinn, Stress

Dominantes, selbstbewusstes Pferd, kämpft gegen Druck und Bevormundung, häufig tyrannisch in der Herde und in der Beziehung zum Menschen eigenwillig, möchte als Partner mitarbeiten, nicht als Befehlsempfänger	**Vine**
Arbeitet am liebsten selbstbestimmt. Leistungswilliges, aktives, aber ungeduldiges Pferd, das sich ungern dominieren lässt	**Impatiens**

Stressanfälliges Tier, unberechenbar überreagierend	**Cherry Plum, Rock Rose, Star of Bethlehem, Rotklee**

Unruhe

Unaufmerksam, unruhig, schnell abgelenkt, will dauernd durchstarten, hört nicht richtig zu	**Vervain**
Angespannt, ungeduldig, zackelig, hohe Kopfhaltung, Kämpferherz	**Impatiens**
Hohe Leistungsbereitschaft, angespannt, mangelnde Losgelassenheit, neigt zu Rückenproblemen	**Löwenzahn**
Unruhige Herde, für die ganze Herde	**Agrimony, Brennnessel**

Unsicherheit

Unsicheres, schüchternes Tier, Angst vor neuen Situationen, Veränderungen im Tagesablauf, eher still leidend und duldsam, klebt an anderen Pferden	**Larch, Star of Bethlehem, Cerato, Hahnenfuß**
Kein Verlasspferd, lässt sich aber überreden, liebes, schnell nervöses Tier	**Mimulus, Star of Bethlehem**

Überempfindlichkeit

Reagiert übersensibel auf Reiterhilfen oder Tadel, lässt sich schnell von Menschen oder anderen Pferden gängeln	**Pine**
Reagiert überempfindlich auf Veränderungen im Tagesablauf oder Training, z.B. bei Weiden- oder Boxenwechsel oder wenn sich Futter- oder Trainingszeiten oder -abläufe ändern	**Walnut**

Überempfindliches Pferd, das schnell auf Stimmungen anderer reagiert, viel „sieht", schnell scheut, dünnhäutig, ängstlich, häufig Vollbluttyp	**Aspen, Star of Bethlehem, Clematis, Rotklee**
Empfindlich gegen Lärm, Gerüche, empfindsam in neuen Situationen, verliert schnell den Überblick, schüchtern, vorsichtig, ängstlich	**Mimulus, Star of Bethlehem, Rotklee**
Stärkt die Abwehrkraft und das körperliche und seelische Schutzschild sensibler, dünnhäutiger oder vielen Einflüssen ausgesetzter Pferde	**Schafgarbe**

Überforderung

Siehe auch: Prüfungsmischung

Nach anstrengendem Training, vielen neuen Eindrücken, Veränderungen im Tagesablauf oder auch aus nach eingehender Diagnose nicht ersichtlichen Gründen macht das Pferd nicht mehr mit, wirkt kraftlos, verweigert die Leistung	**Elm, Hornbeam, Olive, Gentian, Mustard, Sweet Chestnut**
Schnell überfordert aus Unsicherheit, kann dann nicht mehr klar reagieren	**Larch, Clematis, Star of Bethlehem, Hahnenfuß, Notfalltropfen**
Überforderung, ängstlich oder empfindlich, reagiert sehr sensibel, störanfällig	**Mimulus, Star of Bethlehem, Notfalltropfen**
Verlasspferd, Leistungspferd, wird leicht überfordert, weil es immer mitmacht, erschöpft sich, ohne aufzugeben	**Oak, Notfalltropfen**
Nach ungewohnter körperlicher Anstrengung, nach körperlicher oder seelischer Überforderung, um Muskelkater und mentaler Erschöpfung vorzubeugen und die Regeneration zu unterstützen	**Olive, Löwenzahn, Sweet Chestnut, Vervain, Notfalltropfen**

V

Veranstaltungen

Siehe auch: Aktionen, Auktionen, Prüfungen, Turniere

Veränderung

Vor einschneidenden Veränderungen, aber auch im Wachstum, bei bekannten Umstellungsschwierigkeiten bei Futter-, Stall-, Boxen- , Reiter- oder Weidewechsel zur Unterstützung	**Walnut, Notfalltropfen**
Reagiert auf Veränderungen mit Krankheit, Appetitlosigkeit, Rückzug, verminderter Leistungsbereitschaft	**Honeysuckle, Star of Bethlehem, Notfalltropfen**
Unsicheres, schüchternes Tier, Angst vor Veränderungen und Neuem, eher still leidend und duldsam, Stressdurchfall	**Larch, Star of Bethlehem, Gänseblümchen, Notfalltropfen**
Irritiert bei Veränderungen gewohnter Abläufe im Alltag oder auch bei Prüfungen	**Rock Water, Star of Bethlehem, Engelwurz, Notfalltropfen**
Veränderungsmischung, unterstützend bereits vor anstehenden Veränderungen geben	**Walnut, Honeysuckle, Rock Water, Notfalltropfen**

Verdauungsstörungen !

Unproblematischer und leistungswilliger „Mitmacher", verlässlich, bei Überforderung häufig Durchfall, Magengeschwür	**Agrimony**
Unsicheres, schüchternes Tier, ängstlich, eher still leidend und duldsam, Neigung zu Stressdurchfall in neuen Situationen oder bei Veränderungen im Tagesablauf	**Larch, Mimulus, Star of Bethlehem**
Wechselnde Verdauungsstörungen, mal Durchfall, mal unauffällig	**Scleranthus**

Verkehrssicherheit

Siehe auch: Geländesicherheit, Stress, Angst

Kein Verlasspferd, erschreckt sich schnell, scheut bei lauten Geräuschen oder Begegnung mit Unbekanntem	**Mimulus, Star of Bethlehem, Rotklee, Notfalltropfen**
Schreckhaft und angespannt, unaufmerksam, springt schnell zur Seite, zuckt zusammen, sieht „Gespenster", viele Ängste, z. B. vor LKWs	**White Chestnut, Rotklee, Notfalltropfen**

Verladen

Verladetraining

Unterstützend während des Trainings	**Chestnut Bud, Mimulus, Scleranthus, Rotklee, Notfalltropfen**

Probleme beim Verladen

Angst vor dem Geräusch der Hufe auf der Rampe, vor der Enge des Hängers, vorm Fahrgefühl, lässt sich nur mit sehr viel Geduld verladen	**Mimulus, Rock Rose, Star of Bethlehem**
Geht nicht (gern) in den Hänger, wenn darin noch ein zweites Pferd steht	**Water Violet**
Geht ruhig in den Hänger, schießt aber wieder heraus, Unruhe oder Schwitzen während der Fahrt	**Scleranthus, Star of Bethlehem**
Schießt immer wieder panisch aus dem Hänger, große Angst beim Verladen	**Rock Rose, Star of Bethlehem, Engelwurz**
Steht abwesend vor dem Hänger, ohne sich zu rühren	**Star of Bethlehem, Engelwurz**
Steigt vor dem Hänger, schlägt nach hinten oder vorne aus, hohe Kopfhaltung	**Mimulus, Star of Bethlehem, Cherry Plum**

Legt sich auf dem Hänger hin, sackt in sich zusammen	**Star of Bethlehem, Rock Rose, Clematis**
Nach Unfall mit dem Pferdehänger, traumatischem Transport oder gewalttätigem Verladen	**Star of Bethlehem, Rock Rose, Gentian, Engelwurz**

Verletzungen

Häufig kleine Verletzungen oder Beschwerden, auch, wenn „sein" Mensch z. B. verreist	**Chicory**
Ständig wechselnde Beschwerden	**Scleranthus**

Vernachlässigung

Siehe auch: Tierschutz

Vernachlässigtes Tierschutzpferd, um die Heilung körperlich und seelisch zu unterstützen	**Crab Apple, Olive, Gorse, Clematis, Star of Bethlehem, Rotklee, Notfalltropfen**

Verspannungen

Siehe auch: Anspannung

Vor, während und nach ungewohnter oder starker körperlicher Anstrengung, um Muskelkater und mentaler Erschöpfung vorzubeugen oder zu lindern und die Regeneration zu unterstützen, auch bei Genick- und Rückenschmerzen, auch in Stresssituationen oder besonders aktiven Zeiten	**Olive, Löwenzahn, Sweet Chestnut, Vervain**
Nach lang andauernder Arbeitsphase, beim Schul- oder Sportpferd, starke Anspannung im Genick, Hals und Rücken, jedoch meist zuverlässig, wenig angenehm zu reiten	**Rock Water**

Vertrauen

Misstrauisch, immer ein wenig auf dem Sprung, vertraut seinem Menschen nicht genug	**Gentian, Star of Bethlehem**

Verweigern

Immer an bestimmtem Hindernis	**Mimulus, Larch, Star of Bethlehem, Notfalltropfen**
Pferd geht ungern ins Wasser	**Crab Apple, Notfalltropfen**
Aus unerklärlichen Gründen oder nach anstrengender Turniersaison wirkt das Pferd erschöpft, auch zur Unterstützung der Erholung nach anstrengender Trainingsphase	**Elm, Notfalltropfen**
Gibt schnell auf, wenn die Rahmenbedingungen nicht stimmen oder etwas minimal schief lief	**Gentian, Notfalltropfen**
Lässt sich schnell verunsichern, scheut vor Regenschirmen, verweigert aus Ängstlichkeit, braucht viel Vertrauen zum Reiter	**Mimulus, Notfalltropfen**
Unsicher, traut sich nichts zu, verliert schnell den Überblick	**Larch, Hahnenfuß, Notfalltropfen**
Hält sich zurück, fährt nur halbe Kraft, unsicherer Kandidat bei Prüfungen, verweigert oder scheut	**Engelwurz, Notfalltropfen**
Unzuverlässig im Parcours nach unschönem Erlebnis, Verletzung	**Star of Bethlehem, Engelwurz, Notfalltropfen**
Unzuverlässig im Parcours, wenn der Ablauf sich ändert, braucht immer die gleichen Bedingungen	**Rock Water, Notfalltropfen**
Generell unzuverlässig, mal in Siegerlaune, mal völlig unaufmerksam	**Scleranthus, Notfalltropfen**

Leistungsbereites, aber häufig unkonzentriertes, ungeduldiges oder eigensinniges Pferd, neigt zum Losstürmen	**Vervain, Impatiens, Notfalltropfen**

W

Warmreiten

Siehe auch: Losgelassenheit

Langes Warmreiten nötig

Lange Lösungsphase des älteren, angespannten oder steifen Schul- oder Sportpferdes, auch bei Arthrose	**Oak, Rock Water, Löwenzahn**
Lange Lösungsphase des angespannten, übereifrigen Leistungspferdes	**Vervain**
Abgekapseltes, steifes Pferd, kein Schmuser, wenig zugänglich, starr und schwunglos, giftet nach anderen Pferden, wenn diese zu dicht aufreiten, braucht lange Lösungsphase	**Water Violet**

Weben

Siehe auch: Koppen und andere Stereotypien

Weide, Probleme auf der Weide

Geht unterm Zaun durch
Siehe Zäune

Jagt andere Pferde
Siehe Herde, Mobbing

Vertritt sich ständig
Siehe Anfälligkeit, Verletzungen

Klebt immer an einem Pferd
Siehe Allein sein

Wird gemobbt, mobbt selbst
Siehe Herde, Mobbing, Aggressionen

Z

Zackeln

Hat Schwierigkeiten, im Schritt zu bleiben	**Vervain, Impatiens**
Ängstlich und unruhig, trabt immer wieder an oder schießt plötzlich los	**Aspen, Rotklee**
Stressanfälliges Tier, in bestimmten Situationen schnell aus der Ruhe zu bringen und schwer zu regulieren	**Rock Rose, Rotklee**

Zahnprobleme beim Jungpferd

Siehe auch: Jungpferd

	Walnut, Cerato, Gänseblümchen

Zäune

Siehe auch: Körpergefühl

Bricht gerne aus, akzeptiert Zäune nur schwer, auch unempfindlich gegen Strom	**Clematis**
Gefühllosigkeit, scheint seinen Körper oder bestimmte Körperregionen nicht richtig zu fühlen, unempfindlich gegen Strom, auch zur Unterstützung von Körpertherapien oder nach Wachstumsschüben	**Star of Bethlehem**

Bricht aus, um zu seinem Pferdekumpel zu gelangen, extreme Bindung an ein anderes Pferd	**Red Chestnut**
Bricht aus Abenteuerlust oder Futtergier aus, „Ausbrecherkönig"	**Birne**

Zucht ✚

Siehe auch: Fohlen, Geburt

Vorsorglich für erstgebärende Stuten, die vom Fohlen irritiert sein könnten, einige Tage vor der Geburt geben	**Elm, Rock Rose, Chicory, Star of Bethlehem, Walnut**
Überfordert mit der Situation, nervös, gestresst	**Mimulus, Elm, Chicory, Red Chestnut, Rock Rose, Star of Bethlehem, Walnut**
Wenig Milch, zappelig, wenn das Fohlen trinkt	**Chicory, Heather, Elm**
Stute verweigert dem Fohlen das Euter	**Mimulus, Star of Bethlehem, Walnut, Water Violet**
Unmütterliche Mutter, stößt das Fohlen weg, lässt es nicht ans Euter, lehnt es ab, häufig erstgebärende Stuten	**Agrimony, Holly, Star of Bethlehem, Walnut**
Übermutter, besonders besorgt, ängstlich, gestresst	**Red Chestnut, Star of Bethlehem, Walnut**
Überbesorgte Mutterstute, auch angriffslustig gegenüber anderen Pferden oder dem Menschen	**Red Chestnut, Cherry Plum, Holly, Star of Bethlehem, Walnut**
Ältere, erschöpfte Zuchtstute, auch nach erschöpfender Geburt	**Elm, Olive, Sweet Chestnut, Star of Bethlehem, Rock Rose, Walnut**

Bei den ersten Anzeichen einer Euterentzündung (Mastitis) sowie bei nachgeburtlichen Schwellungen und gestauter Lymphe zusätzlich zur tierärztlichen Behandlung	**Crab Apple, Rescue Remedy, Birne**
Lehnt den Hengst ab, nimmt nicht auf oder stößt die Frucht immer wieder ab	**Crab Apple, Pine, Star of Bethlehem, Walnut, Water Violet, Birne**
Nach dem Tod des Fohlens oder der Mutterstute für das jeweils andere Tier	**Red Chestnut, Sweet Chestnut, Rock Rose, Honeysuckle, Star of Bethlehem, Walnut, Rotklee, Birne**
Absetzen des Fohlens, für Fohlen und Mutterstute	**Honeysuckle, Walnut, Star of Bethlehem, Chicory, Red Chestnut, Birne, Engelwurz**
Unfruchtbarkeit, Stute nimmt nicht auf	**Crab Apple, Pine, Rock Water, Star of Bethlehem, Walnut, Water Violet**

PRAXISTIPP Statt der spezifischen Mischung können Sie in jedem Fall auch Notfalltropfen geben. Saugfohlen nehmen die Blüten über die Muttermilch auf. Geben Sie dafür einige Tropfen auf die Hand und reiben Sie das Euter damit ein oder verabreichen Sie die Mischung über das Futter der Stute.

Zurückbleiben

Siehe auch: Allein bleiben

Wird panisch, wenn es zurückbleiben muss, kann nicht gut allein sein, geht auf Ausritten nicht gerne hinten	**Red Chestnut, Cerato, Mimulus, Star of Bethlehem, Birne, Notfalltropfen**

BACH-BLÜTEN VON A–Z

Agrimony
Odermennig

Ehrlichkeits-Blüte, Unruhe, Anspannung, bei Unruhe in der Herde, hampeliges Pferd, z. B. am Anbinder, Friedensstifter in der Herde, kaut alles an, gieriger oder leidenschaftlicher Fresser, bei Rückschritten in der Ausbildung oder bei Erschöpfung, Zähneknirschen, Koppen, Muskelverspannung, häufige, leichte Koliken, auch leichte Koliken während Rosse und Trächtigkeit, Ekzem, Abort, unruhig mit dem Fohlen, steht nicht still, wenn das Fohlen saugen will, prinzipiell unproblematisches Gute-Laune-Pferd

Häufig zusammen mit: Oak, Vervain, Chestnut Bud, Centaury, Cherry Plum, Chicory, Clematis, Crab Apple, Star of Bethlehem, Water Violet, Larch, Scleranthus

Aspen ***Zitterpappel***	Vorahnungs-Blüte, Ängste bis zur Panik, sieht häufig Gespenster, wirkt trotz Angst ruhig, starrer Blick, gefriert vor Angst, sackt zusammen vor Panik, Angst- oder Stressdurchfall oder -schweiß, Zittern, starrer Blick, Geräusch- und Geruchsempfindlichkeit, Überempfindlichkeiten, Durchgehen, Nicht-einfangen-Lassen, kann nicht allein sein, Kleben, Schlundverstopfung nach Stress, Verladeprobleme **Häufig zusammen mit:** Mimulus, Cherry Plum, Star of Bethlehem, Rock Rose, Chicory, Heather, Clematis, Larch, Notfalltropfen
Beech ***Rotbuche***	Toleranz-Blüte, überempfindlich, mäkeliger Fresser, schnell gereizt, mobbt in der Herde, aggressiv in der Gruppe, giftet, schnappt oder tritt nach anderen Pferden, auch beim Reiten, eigenwillig und bei Anforderungen schlecht gelaunt, besteht auf regelmäßigen Fütterungszeiten, intolerant, mag z. B. keine Kinder, Hunde, Leute mit Hut. Allergien, Muskelverspannungen, Hautreaktionen auf Insektenstiche, Verdauungsstörungen **Häufig zusammen mit:** Holly, Crab Apple, Vine, Cherry Plum
Centaury ***Tausendgüldenkraut***	Schulpferde-Blüte, wenig Selbstbewusstsein, rangniedrig, Mobbingopfer, reagiert stark auf Lob oder Tadel, brave Schul- und Anfängerpferde, Tierschutzpferde, Stärkung des Immunsystems. Genick- und Rückenschmerzen, Senkrücken, Infektanfälligkeit, Schwäche des Immunsystems **Häufig zusammen mit:** Larch, Pine, Cerato, Mimulus, Clematis, Olive

Cerato ***Hornkraut***	Intuitions-Blüte, Jungpferde-Blüte, Unsicherheit, Unerfahrenheit, lernt schnell von anderen, kann nicht allein bleiben, wenn man sich mehr selbstständige Mitarbeit vom Pferd wünscht, vor Turnieren, während längerer Leistungsprüfungen, wenn das Pferd stark eingeschränkt ist, z. B. erzwungene Boxenruhe oder Quarantäne, bei Verletzungsanfälligkeit, im Zahnwechsel, bei Wachstumsstörungen **Häufig zusammen mit:** Chestnut Bud, White Chestnut, Red Chestnut, Mimulus, Clematis, Star of Bethlehem, Centaury, Larch, Walnut, Wild Oat, Gänseblümchen
Cherry Plum ***Kirschpflaume***	Gelassenheits-Blüte, explosives Verhalten, Unruhe und Nervosität, Verladeprobleme, große Angst vor Schmied oder Tierarzt, Misstrauen, plötzliche Wutanfälle gegenüber anderen Pferden, Durchgehen, heftiges Buckeln, Steigen, Panikreaktionen, große Anspannung, Tierschutzpferde, nach Misshandlung, Unfall, Trauma, Koppen, Weben, Sattelzwang, Kopfschleudern, Headshaker, häufige Koliken, Juckreiz, Allergien, Muskelverspannungen, Hustenanfälle **Häufig zusammen mit:** Aspen, Mimulus, Beech, Holly Als Bestandteil der Notfalltropfen mit Star of Bethlehem, Rock Rose, Clematis, Impatiens
Chestnut Bud ***Rosskastanienknospe***	Lern-Blüte, Jungpferde-Blüte, vor dem Einfahren oder Anreiten und währenddessen, Konzentrationsschwierigkeiten, vor neuen Situationen, z. B. erster Zucht- oder Deckeinsatz, Verladen, Hyperaktivität, wenig Ausdauer, trampeliges, hampeliges oder unruhiges Verhalten am Putzplatz oder beim Reiten, nimmt alles ins Maul, Pferd wirkt jünger, als es ist, langsamer Lerner, immer wieder die gleichen Fehler in Prüfungen, Fruchtbarkeitsprobleme, chronische Krankheiten wie Hufrehe, Bronchitis, Haut- oder Augenerkrankungen **Häufig zusammen mit:** Cerato, Elm, Clematis, White Chestnut, Red Chestnut, Walnut, Gentian, Larch, Pine, Gänseblümchen

Chicory ***Wegwarte***	Beziehungs-Blüte, forderndes, herrschsüchtiges Pferd, aufdringlich, stark an anderes Pferd gebunden, das aber drangsaliert wird, unsichere Erstlingsstuten, Übermutter, die ihr Fohlen nicht aus den Augen lässt, klammerndes Fohlen, häufige leichte Gesundheitsprobleme, kleine Verletzungen, stille Rosse, häufige, leichte Koliken, angelaufene Beine **Häufig zusammen mit:** Heather, Elm, Scleranthus, Agrimony, Aspen, Mimulus, Red Chestmut, Walnut, Star of Bethlehem
Clematis ***Waldrebe***	Realitäts-Blüte, verträumt, antriebslos, unkonzentriert, unmotiviert, Lernschwäche, schlapp, wenig Ausdauer, schläft viel, vitalitätsarm, verschleierter Blick, nach Unfall, Schreck, Schock, Trauma, langer Krankheit oder Operation, schlechtes Körpergefühl, stößt sich leicht, „siebter Sinn". Stolpern, Sehschwäche, blasse Schleimhäute, Immunschwäche, angelaufene Beine, kalte Beine, kalte Hinterhand, erholt sich schlecht von Krankheiten **Häufig zusammen mit:** Water Violet, Mimulus, Aspen, Cerato, Chestnut Bud, Gorse, Sweet Chestnut Als Bestandteil der Notfalltropfen mit Star of Bethlehem, Rock Rose, Cherry Plum, Impatiens In der Prüfungsmischung mit Gentian, Elm, Larch, White Chestnut
Crab Apple ***Holzapfel***	Ordentlich in der Box, mäkelig beim Fressen, geht nicht durch Pfützen oder auf schlammigem Untergrund, Stute lehnt Hengst ab, nimmt nicht auf, nimmt ihr Fohlen nicht an. Zur Ausleitung, im Fellwechsel, nach Impfung, Entwurmung, Antibiose oder anderer allopathischer Therapie, schlecht heilende Wunden, Hautprobleme aller Art **Häufig zusammen mit:** Water Violet, Agrimony, Mimulus, Rock Water, Impatiens, Elm, Walnut, Star of Bethlehem, Hornbeam, Holly

Elm ***Ulme***	Verantwortungs-Blüte, Stärkung der Abwehrkraft, Vorbeugung von Muskelkater, akute Überforderung, momentane Leistungsschwäche, wenig Ausdauer, Konditionsmangel, Erschöpfung, Motivationsmangel, Mattigkeit, bei Anstrengung zur Kräftemobilisierung, z. B. bei schwerer Geburt, fordernder oder mehrtägiger Prüfung, Stechen, auch bei Reisen, Stall- oder Besitzerwechsel, schwerer hochakuter oder chronischer Krankheit, Rekonvaleszenz. Vorbeugend am Ende der Trächtigkeit vor der Geburt, Prüfungen, Reisen **Häufig zusammen mit:** Hornbeam, Olive, Walnut, Honeysuckle, Star of Bethlehem, Sweet Chestnut, Oak, Chicory, Gorse In der Prüfungsmischung mit Gentian, Larch, Clematis, White Chestnut
Gentian ***Fransenenzian***	Glaubens-Blüte, Lernschwierigkeiten, Verladetraining, Mutlosigkeit, Mattigkeit, Pferd wirkt depressiv, vor Prüfungen oder anderen stressigen Ereignissen, nach belastenden, unschönen Erlebnissen oder Misserfolgen, leicht zu verunsichern oder zu entmutigen, kann sich schwer auf neue Bedingungen einstellen, Tierschutzpferde, nach Vernachlässigung, lang andauernde Rekonvaleszenz, Rückschläge in der Heilung, während und nach schweren Geburten, um die Lebenskraft anzuregen **Häufig zusammen mit:** Olive, Gorse, Cerato, Honeysuckle, Hornbeam, Rock Water, Chestnut Bud, Walnut, Wild Rose, Star of Bethlehem In der Prüfungsmischung mit Elm, Larch, Clematis, White Chestnut

Gorse ***Stechginster***	Hoffnungs-Blüte, Depression, Resignation, wenig Lebenslust, mutlos nach Besitzerwechsel, angestrengt wirkende Therapiepferde, Tierschutzpferde, nach Vernachlässigung, chronische Krankheit, Appetitlosigkeit, stumpfes Fell, trübe Augen, „Arsenicum Album" der Bach-Blüten, Hufrehe, chronische Bronchitis, Sommerekzem, schwere Fohlenkrankheit **Häufig zusammen mit:** Olive, Hornbeam, Wild Rose, Wild Oat, Sweet Chestnut, Mustard, Walnut, Rock Water, Water Violet, Clematis, Star of Bethlehem, Holly
Heather ***Heidekraut***	Identitäts-Blüte, Aufdringlichkeit, Eifersucht, Konkurrenz, schwierig in der Herde, Probleme mit Alleinsein, Kleber, beim Reiten eigensinnig, selbstbezogen und mitunter schwer zur Mitarbeit zu bewegen, kann sich in ein Verhalten reinsteigern, verletzungs- und krankheitsanfällig, unklarer Juckreiz **Häufig zusammen mit:** Chicory, Mimulus, Aspen, Elm, Star of Bethlehem, Larch, Holly, Cerato, Red Chestnut
Holly ***Stechpalme***	Herzens-Blüte, starke Eifersucht, überschießende Aggression, griesgrämig, schwierig in der Gruppe zu halten und zu reiten, geht auf andere Pferde, auch auf Hunde, Katzen, Kinder, los, aggressiv zu Neuzugangen in der Herde, futterneidisch, Futteraggressionen, Stute lehnt Hengste ab, nimmt nicht auf, wird nicht tragend, Abort, extrem hengstige, aggressive Hengste. Juckreiz, Hautallergie, Entzündungen, akute Hufrehe, Hufabszess, akute Kolik, hohes Fieber, Krankheiten, die sich plötzlich und heftig entwickeln, „Belladonna" der Bach-Blüten **Häufig zusammen mit:** Beech, Impatiens, Vine, Cherry Plum, Crab Apple, Star of Bethlehem, Gorse, Wild Oat, Olive, Hornbeam, Water Violet

Honeysuckle ***Geißblatt***	Vergangenheits-Blüte, vor oder nach Stall- oder Besitzerwechsel oder anderen einschneidenden Veränderungen wie Verlust eines Freundes, Absetzen, Kastration etc., Heimweh, Trauer, Appetitlosigkeit, nach belastendem Ereignis, für Pferdesenioren. Narbenschmerzen, verhärtete Narben, Probleme mit Fellwechsel, Rekonvaleszenz, Anregen der Lebenslust **Häufig zusammen mit:** Walnut, Star of Bethlehem, Elm, Clematis, Hornbeam, Chicory, Red Chestnut
Hornbeam ***Hainbuche***	Energie-Blüte, vor oder nach Stall- oder Besitzerwechsel oder anderen Veränderungen, nach überfordernden Lebensabschnitten, Appetitlosigkeit, Konzentrationsschwäche, Leistungstief, Rückschritte in der Ausbildung, nach länger andauernder Anstrengung (Turniersaison, chronische Krankheit, Zuchteinsatz) erschöpft oder körperlich angeschlagen, Milchmangel bei Zuchtstuten, Unfruchtbarkeit bei Hengst oder Stute, Abwehrschwäche, Senkrücken, Hufrehe, chronische Bronchitis, in der Rekonvaleszenz **Häufig zusammen mit:** Elm, Olive, Gentian, Larch, Walnut, Star of Bethlehem, Clematis, Crab Apple, Oak, Holly, Wild Oat, Gorse
Impatiens ***Springkraut***	Zeit-Blüte, Anspannung, Ungeduld, eiliges Laufen, Zackeln, Zappeln und Scharren am Anbinder, Schwierigkeiten mit der Losgelassenheit, mit Durchparieren, Anhalten, Stehenbleiben, hohe Kopfhaltung, kann sich schwer auf andere Reiter einstellen, gereizt und giftig mit anderen Pferden, läuft gern vorne, braucht viel Bewegung und Abwechslung, energisch, leistungsbereit, Kämpferherz, Durchgänger, bei Stress, auch vorbeugend akute Schmerzen, Juckreiz, Allergien, nach Verletzungen, Headshaking **Häufig zusammen mit:** Scleranthus, Holly, Vervain, Rock Water, Crab Apple, White Chestnut, Olive, Elm, Mimulus Als Bestandteil der Notfalltropfen mit Star of Bethlehem, Rock Rose, Cherry Plum, Clematis

Larch *Lärche*	Selbstvertrauens-Blüte, unsicheres, braves Pferd, dem der Mut fehlt, Mobbingopfer, wehrt sich nicht, wenig Kampfgeist, entmutigt, ängstlich, scheue Fohlen, nach Schock, Schreck, Misshandlung, vor Prüfungen, Abwehrschwäche, Wachstumsstörungen, „mickriges" Pferd, zögerliche Heilung oder Rekonvaleszenz, Sommerekzem, Unfruchtbarkeit bei Hengst oder Stute **Häufig zusammen mit:** Star of Bethlehem, Mimulus, Centaury, Pine, Hornbeam, Cerato, Walnut In der Prüfungsmischung mit: Gentian, Elm, Clematis, White Chestnut
Mimulus *Gauklerblume*	Tapferkeits-Blüte, friedlich, sensibel, zart, ängstlich, schnell nervös, scheu, geräuschempfindlich, verweigert bestimmten Sprung, geht nicht ins Wasser, fürchtet sich vor bestimmten Dingen wie z. B. Tierarzt, Kühen, Traktoren, Verladeproblem, Sattelzwang, vor Prüfungen, vor stressigen Erfahrungen, vor Neuem, z. B. erster Hufbeschlag, erstes Mal Decken etc., nach belastenden oder traumatischen Erlebnissen. Stressdurchfall, Schlundverstopfung bei Stress, Stresskolik, Überempfindlichkeiten, z. B. gegen Kälte, Hitze, Insektenflug, nervöses Headshaking, Koppen **Häufig zusammen mit:** Aspen, Crab Apple, Star of Bethlehem, Larch, Pine, Centaury, Cerato, Chestnut Bud, Chicory, Heather, Rock Rose, Cherry Plum, Wild Rose, Notfalltropfen
Mustard *Ackersenf*	Licht-Blüte, Antriebsschwäche, Traurigkeit kommt und geht, wechselhafter Appetit, schläft oder döst viel, begleitend bei chronischer Krankheit, hormonelles Ungleichgewicht, niedergeschlagene Rentnerpferde, nach großer Anstrengung erschöpft und teilnahmslos **Häufig zusammen mit:** Scleranthus, Star of Bethlehem, Gentian, Gorse, Sweet Chestnut, Clematis, Olive, Hornbeam

Notfalltropfen	Aus den fünf Blüten-Essenzen Star of Bethlehem, Cherry Plum, Clematis, Impatiens und Rock Rose gemischte, von Bach selbst zusammengestellte Mischung für Schock, Notfall, Erste Hilfe, starken Stress, vor, während und nach Operationen, Prüfungen, körperlichen und seelischen Belastungen. Kann in diesen Fällen zusätzlich auch von beteiligten Zuschauern, Helfern oder dem Reiter genommen werden. In einer akuten Stresssituation ist es am sinnvollsten, vier Notfalltropfen aus der Vorratsflasche in Wasser aufzulösen und in kurzen Abständen einen kleinen Schluck aus dem Glas zu nehmen oder zu geben. Auch mehrmals einige Tropfen direkt aus der Pipette der Vorratsflasche wirken stärkend, falls keine Verdünnungsmöglichkeit besteht. **Häufig zusammen mit:** Aspen, Mimulus, Crab Apple, Elm, Hornbeam, Olive, Walnut
Oak ***Stieleiche***	Ausdauer-Blüte, selbstbewusste Leistungspferde, belastbar, zuverlässig, nobel, ehrlich, tapfere Kämpferherzen, mitunter eigensinnig, ausdauernd auch in schlechten Angewohnheiten, z. B. beim Scheuchen anderer Pferde, ältere Sportpferde, in besonders belastenden Lebenssituationen, z. B. bei schwerer Krankheit des Pferdes oder seines Besitzers, bei erzwungener Boxenruhe, ausgelaugte, chronisch erschöpfte Pferde, Pferde im Ruhestand, schwunglose, angespannte, steife Tiere, Genick-, Nacken-, Hals- oder Rückenschmerzen, Leistungsknick, Leistungstief, Muskelkater, chronische Krankheit, nach Kollaps **Häufig zusammen mit:** Olive, Elm, Hornbeam, Vervain, Rock Water, Star of Bethlehem, Gorse

Olive ***Ölbaum***	Regenerations-Blüte, völlig erschöpft, Kollaps, Schwächezustände, wenig Lebenskraft, chronische oder schwere Krankheit, z. B. Hufrehe, schwere Geburt (für Stute und Fohlen), nach körperlich oder seelisch anstrengenden Situationen oder Phasen, Tierschutzpferde, frühes Anreiten, früher oder intensiver Einsatz im Sport, lange Lösungsphase, Appetitlosigkeit, Leistungstief, nach Operationen, Rekonvaleszenz **Häufig zusammen mit:** Elm, Hornbeam, Oak, Gentian, Gorse, Red Chestnut, Rock Water, Sweet Chestnut, Star of Bethlehem, Vervain, Willow, Wild Rose, Wild Oat, Holly
Pine ***Waldkiefer***	Selbstliebe-Blüte, kraftlos, aber bemüht, schüchtern, unterwürfig, wehrt sich nicht, in sich gekehrt, ernst, Mobbingopfer, schnell nervös und ängstlich, schnell eingeschüchtert, Stute nimmt nicht auf, resorbiert, unhengstige Hengste, mangelnde Abwehrkraft, Stressdurchfall, Stresskoliken, Hautprobleme, Headshaking **Häufig zusammen mit:** Larch, Mimulus, Cerato, Centaury
Prüfungskombination nach Barnard	Die gut bewährte Prüfungskombination nach Barnard besteht aus den Bach-Blüten Gentian, Elm, Clematis, Larch, White Chestnut. Gentian sorgt für Mut und Durchhaltevermögen, Elm für Gelassenheit, Clematis für Präsenz, Larch für Selbstvertrauen und Kampfgeist und White Chestnut für Konzentration und zielgerichtetes Handeln. Vor und während Veranstaltungen, Turnieren, Auktionen, Körungen und anderen Prüfungssituationen, auch für den Besitzer

Red Chestnut ***Rote Rosskastanie***	Abnabelungs-Blüte, überängstliche Fohlenstute, besonders eng an ein anderes Tier oder an Menschen gebunden, Leitpferde, die überaufmerksam ihre Herde schützen, nach Wegzug oder Tod eines befreundeten Pferdes, beim Absetzen für Stute und Fohlen, Heimweh, häufige Verletzungen, Scheinträchtigkeit **Häufig zusammen mit:** Olive, Chicory, Heather, Chestnut Bud, Mimulus, Cerato, Star of Bethlehem, Walnut, Cherry Plum, Rock Rose
Rock Rose ***Sonnenröschen***	Mut-Blüte, Schreckhaftigkeit, Scheuneigung, Impulsivität, Unberechenbarkeit, Angststarre, Klaustrophobie, Sattelzwang, Panik am Anbinder, Verladepanik, Unruhe, Kollaps, nach Operation, in akuten Notfällen, z. B. eskalierender Panik, Schock, akutem Trauma, auch bei Posttraumatischer Belastungsstörung bei Hitzschlag oder Sonnenstich, Unterkühlung, Kreislaufkollaps, Stresskolik, allergischem Schock, bei Problemen in der Trächtigkeit, nach schwieriger Geburt und allen anderen Situationen, in denen es „um Leben oder Tod" ging **Häufig zusammen mit:** Mimulus, Aspen, Wild Rose, Impatiens Als Bestandteil der Notfalltropfen zusammen mit Cherry Plum, Clematis, Impatiens, Star of Bethlehem
Rock Water ***Quellwasser***	Flexibilitäts-Blüte, Jungbrunnen-Blüte, hilft, locker und lässig zu werden, Gewohnheitstiere, die auf festen Abläufen beharren, Heimweh und Appetitlosigkeit in fremder Umgebung, harter Trab, Schwunglosigkeit, Sportpferde während oder nach intensivem Training oder Prüfung, mitunter eigensinnige Verlass- und Leistungspferde, Anfängerpferde, kein guter Spielpartner in der Herde, Rückenschmerzen, Verspannungen, Anspannung einzelner Strukturen (Sehne, Gelenk, Muskel), Fellwechselprobleme, schwache oder stille Rosse, Sterilität von Hengst oder Stute, Abort, Steifigkeit, Borreliose **Häufig zusammen mit:** Walnut, Star of Bethlehem, Oak, Impatiens, Water Violet, Gentian, Gorse, Olive, Vine

Scleranthus ***Knäuel***	Balance-Blüte, Reise-Blüte, Konzentrationsprobleme, Unausgeglichenheit, Unruhe, bei Rückschritten oder Schwankungen in der Ausbildung, Launenhaftigkeit, „Stutenhaftigkeit", Pferd mit zwei unterschiedlichen Reitern, Verladeprobleme, Probleme während der Fahrt, hibbeliges Jungpferd, Schwierigkeiten in der Balance, kann einen Huf nicht geben, Vorderlastigkeit, Beckenschiefstand, extremes Ungleichgewicht zwischen links und rechts, Ataxie, Hormonprobleme, Rossestörungen, wechselnde oder wandernde Symptome, wechselhafter Krankheitsverlauf **Häufig zusammen mit:** Aspen, Centaury, Cerato, Impatiens, Mustard, Star of Bethlehem, White Chestnut, Wild Oat, Mimulus, Chestnut Bud
Star of Bethlehem ***Milchstern***	Trost- und Heilungs-Blüte, das „Arnika" der Bach-Blüten, vor, während und nach Schreck- und Schocksituationen, Unfall, rund um belastende oder stressige Situationen, z. B. vor, während und nach dem Absetzen von Fohlen, Kastration, Leistungsprüfungen, Operationen, erstgebärende Stuten, Neugeborene, schwere Geburten, bei ängstlichen Tieren, wiederkehrende Ängste, Abschied oder Tod, Abwehrschwäche, Appetitlosigkeit, In-sich-gekehrt-Sein, seelisches oder körperliches Ungleichgewicht, schwache oder sehr ausgeprägte Rosse, schlechtes Körpergefühl, Pferde stoßen sich häufig oder fühlen E- Zaun scheinbar nicht, schlechter Heilungsverlauf, hartnäckige, therapieresistente oder chronische Krankheiten wie Hufrehe, Chronische Bronchitis, Borreliose, Ataxie In vielen Erstmischungen zu finden, häufig z. B. mit Scleranthus, Walnut, Mimulus, Aspen, Oak, Rock Water, Larch, Hornbeam, Olive, Holly, Elm, Gorse, Water Violet Als Bestandteil der Notfalltropfen zusammen mit Rock Rose, Cherry Plum, Clematis, Impatiens

Sweet Chestnut ***Esskastanie***	Erlösungs-Blüte, Erschöpfung, Apathie, In-sich-gekehrt-Sein, Hoffnungslosigkeit, nach langer, schwerer Krankheit, schwerem Unfall, verzögerter Heilung oder bedrückender Leidensgeschichte, „die dunkle Nacht der Seele", extreme Erschöpfung nach großer Anstrengung, nach negativem Erlebnis in der Ausbildung, die das Tier völlig entmutigt hat, Tierschutztiere, bei chronischen Krankheiten wie Hufrehe oder chronischer Bronchitis **Häufig zusammen mit:** Gentian, Gorse, Mustard, Olive, Star of Bethlehem, Larch, Wild Rose, Water Violet, Clematis, Hornbeam, Elm
Vervain ***Eisenkraut***	Begeisterungs-Blüte, eifrig, leicht zu motivieren, immer mit Spaß bei der Sache, kann kein Ende finden, Leistungspferd, mitunter überaktiv in der Herde, voller Energie, schnelle Reaktionen, auch Überreaktionen, hält sich leicht fest, überschnell im Parcours, hyperaktiv, kann nicht entspannen oder „runterfahren", Unruhe, Konzentrationsschwäche, leicht abzulenken, Muskelanspannung, Verdauungsprobleme, hohe Kopfhaltung, Headshaking **Häufig zusammen mit:** Impatiens, Chicory, Olive, Vine, Water Violet, Agrimony
Vine ***Weinrebe***	Autoritäts-Blüte, Tyrann in der Herde oder große Führungspersönlichkeit, neigt zu Machtkämpfen, hengstige Hengste oder Wallache, streitet gerne, auch mit dem Menschen, starrsinnig, selbstsicher, hohe Kopfhaltung, Muskelverspannungen, kalte oder angelaufene Beine **Häufig zusammen mit:** Impatiens, Chicory, Heather, Holly, Vervain, Beech

Walnut ***Walnuss***	Verwirklichungs-Blüte, Jungpferde-Blüte, wird sehr häufig eingesetzt, bei allen Neuanfängen oder einschneidenden Veränderungen wie Neuzugang in der Herde, Trainingsbeginn, erstes Satteln, erster Ausritt etc., Heimweh, Appetitlosigkeit in fremder Umgebung, Zahnungsprobleme beim Jungpferd, Wachstumsschübe, Trächtigkeit, Geburt, Absetzen, Abwehrschwäche, Rekonvaleszenz, Borreliose, Krankheit im Endstadium In vielen Erstmischungen enthalten, z. B. mit: Star of Bethlehem, Honeysuckle, Holly, Larch, Water Violet, Rock Water, Chestnut Bud, Elm, Hornbeam, Olive, Cerato, Chicory, Heather, Aspen, Mimulus, Red Chestnut, White Chestnut, Clematis, Notfalltropfen
Water Violet ***Wasserfeder***	Kommunikations-Blüte, Einzelgänger, sondert sich von der Herde ab, unzugänglich, unnahbar, „vornehm" auch im Äußeren, gut allein zu reiten, selbstbewusst, leistungsbereit, angespannt, hohe Kopfhaltung, Rückenprobleme, Ekzem oder andere Hautprobleme **Häufig zusammen mit:** Honeysuckle, Walnut, Beech, Wild Oat, Vervain, Vine, Rock Water, Crab Apple, Clematis, Beech, Holly
White Chestnut ***Rosskastanie***	Kopf-Blüte, Konzentrationsschwäche, Scheuneigung, Unausgeglichenheit, Unruhe, Unaufmerksamkeit, Anspannung, häufiges Rempeln, Stoßen, Schubsen, Ankauen, Schnappen, häufige kleinere Verletzungen. Juckreiz, Allergien, Headshaking, Weben, Koppen **Häufig zusammen mit:** Cerato, Impatiens, Chestnut Bud, Scleranthus, Vervain, Walnut, Mimulus, Hornbeam, Wild Oat In der Prüfungsmischung mit Gentian, Elm, Larch, Clematis

Wild Oat ***Waldtrespe***	Berufungs-Blüte, begabte Pferde mit vielen Möglichkeiten, Talente wurden nicht gefördert, Konzentrationsschwäche, wechselnde gesundheitliche oder seelische Probleme, Unruhe, Unausgeglichenheit, starker Bewegungsdrang, wenig Ausdauer, in der Jungpferdeausbildung, wenn scheinbar zu viele Bach-Blüten-Mittel oder unterschiedliche Therapien gebraucht werden oder wenn die Behandlung nicht anschlägt, Hauterkrankungen, Juckreiz, Dauerrosse, Nymphomanie, hengstige Hengste oder Wallache **Häufig zusammen mit:** Water Violet, Scleranthus, Chestnut Bud, White Chestnut, Cerato, Impatiens, Holly, Gorse, Hornbeam, Olive
Wild Rose ***Hundsrose***	Lebenslust-Blüte, Erschöpfung, Teilnahmslosigkeit, unerklärliche Energielosigkeit, Appetitlosigkeit, Abmagerung, Schlappheit, keine Ausdauer, Muskelschwäche, Apathie, alte Pferde, Tierschutzpferde, lebensschwache Fohlen, nach schwerer Geburt, bei Schock, Zusammenbruch, schwerer Krankheit, Kolik, Operation, Verschlag, Borreliose, um den Lebensgeist anzufachen **Häufig zusammen mit:** Hornbeam, Olive, Gentian, Gorse, Mustard, Sweet Chestnut, Mimulus, Rock Rose, Star of Bethlehem, Notfalltropfen
Willow ***Dotterweide***	Schicksals-Blüte, nach negativen Erlebnissen, schlechten Erfahrungen, pferdeunfreundlicher Haltung, Ausbildung oder Training, Tierschutzpferde, hart und unfair ausgebildete Jungpferde, Pferde aus „Boxenhaft", Mobbingopfer in der Herde, übellaunige Pferde mit unklarer Vorgeschichte, Altersschwäche, Haut- und Gelenkprobleme **Häufig zusammen mit:** Elm, Olive, Water Violet, Mimulus, Beech, Holly, Star of Bethlehem, Rock Water, Pine, Gentian, Walnut, Honeysuckle, Notfalltropfen

HEIMISCHE BLÜTEN-ESSENZEN

Birne	Schutz-Blüte, vermittelt Geborgenheit, Zuversicht, Mut, vor grundlegenden Veränderungen wie Umzug, Besitzerwechsel, Absetzen, bei Stuten, die nicht tragend werden, oder bei Trächtigkeitsproblemen, für Stute und Fohlen nach stressiger Trächtigkeit oder schwerer Geburt, schüchterne, zarte oder kränkelnde Fohlen, „Ausbrecherkönige", die gern das Gras jenseits des Zauns fressen **Häufig zusammen mit:** Walnut, Star of Bethlehem, Schafgarbe, Gänseblümchen
Brennnessel	Herden-Blüte, Harmonie in der Herde, Harmonie in Pferdefamilien, bei Neuzugängen, Wegzug, Unruhe oder vielen Konflikten in der Herde, hilft rangniedrigen Pferden, sich zu behaupten, und ranghohen, großzügiger und gelassener zu werden **Häufig zusammen mit:** Walnut, Notfalltropfen

Engelwurz ***Angelika***	„Schutzengel-Blüte", in schwierigen, spannungsreichen, stressigen Situationen, nach negativen Erlebnissen, nach Schock, vor Operationen, Reisen, Umzug, zurückgezogene, unsichere, introvertierte, misstrauische Pferde, Pferd hält sich zurück, fährt nur „halbe Kraft", unsicherer Kandidat bei Leistungsanforderungen, verweigert, „sauer" **Häufig zusammen mit:** Star of Bethlehem, Notfalltropfen, Gentian, Larch, Birne, Rotklee, Schafgarbe
Gänseblümchen ***Bellis Perennis***	Jungpferde-Blüte, in der Jungpferdeausbildung, bei Trainingsbeginn, in schwieriger Herden- oder Lebenssituation, z. B. kranke Mutterstute, bei Umzug, nach negativem Erlebnis, beim Absetzen, um Schutz und Geborgenheit zu vermitteln, auch für erwachsene Pferde nach erlebnisreicher Zeit, z. B. Wanderritt, Prüfung, Umzug, bei Konzentrationsschwäche, Hyperaktivität, Unsicherheit, Mobbingopfer, Unruhe in der Box, Umwühlen der Streu, Koppen **Häufig zusammen mit:** Chestnut Bud, Cerato, Star of Bethlehem, Elm, Red Chestnut, Birne
Hahnenfuß ***Buttercup***	Selbstvertrauens-Blüte, runder Typ mit wenig Körperspannung, Überforderung, Unsicherheit, traut sich nichts zu, verweigert am Sprung oder läuft in den Sprung rein, wenig hengstige Hengste, schöpft nicht sein volles Potenzial aus, sehr ehrgeizige Besitzer oder Züchter mit hoher Erwartungshaltung, Mobbingopfer in der Herde, verkriecht sich hinter dem Zügel, überbeweglich im Halsbereich, Senkrücken **Häufig zusammen mit:** Cerato, Centaury, Gänseblümchen, Larch, Löwenzahn

Löwenzahn ***Dandelion, Taraxacum off.***	Gelassenheits-Blüte, hohe Leistungsbereitschaft, Unruhe, mangelnde Losgelassenheit, hohe Kopfhaltung, Anspannung, Überforderung, vor, in und nach Stresssituationen, bei spannungsbedingten Problemen, Rückenproblemen, nach körperlicher Anstrengung zur Vermeidung von Muskelkater, bei Muskelkater, zur Unterstützung von Akupunktur, Osteopathie, Tellington-Methode, vor oder während der Fohlengeburt **Häufig zusammen mit:** Oak, Olive, Vervain, Walnut, Hahnenfuß, Magnolie
Magnolie	Beweglichkeits-Blüte, Rückenprobleme, verspannte Rückenmuskulatur, wiederkehrende Wirbelblockaden, harte Bewegungen, Starrheit, In-sich-Zurückgezogenheit, Tiefenentspannung, auch für alte Sportpferde **Häufig zusammen mit:** Oak, Löwenzahn
Rotklee	Stärkungs-Blüte, bei Unruhe, Neigung zu Angst und Panik, Scheuneigung, beim Verladetraining, nach Stresssituationen und negativen Erlebnissen, Tierschutzpferde, nach Operationen oder anderen länger andauernden, belastenden Behandlungen **Häufig zusammen mit:** Mimulus, Star of Bethlehem, Notfalltropfen, Schafgarbe, Birne
Schafgarbe, Yarrow, ***Achillea Millefolium***	Stärkung des Schutzschildes, stärkt die Abwehrkraft auf seelischer und körperlicher Ebene, dünnhäutige Pferde, große Sensibilität und Empfindsamkeit, Pferde, die viele Eindrücke und Einflüsse „aufnehmen“, Therapiepferde, Schulpferde, Pferde, die viel auf Reisen sind, in der Trächtigkeit, bei Allergien, Abwehrschwäche, angelaufenen Beinen, Rosseproblemen **Häufig zusammen mit:** Mimulus, Aspen, Walnut, Clematis, Centaury, Crab Apple, Rotklee, Birne

NÜTZLICHE ADRESSEN

www.bach-blütentherapie.de
www.ute-ochsenbauer.de

Bezugsquellen für Original Bach-Blüten
www.florem.de
www.floracura.com

QUELLEN

Albrodt, Dirk: Illustrierte Enzyklopädie einheimischer Blütenessenzen, Tirta 2009

Ekl, Peter: Blütentherapie und Naturerfahrung, Tirta 1997

Scheffer, Mechthild: Die Original Bach-Blüten, KOSMOS 2011

Scheffer, Mechthild und Wolf-Dieter Storl: Die Seelenpflanzen des Edward Bach, Aurum 2012

ZUM WEITERLESEN

Bührer-Lucke, Gisa: **Schüßler-Salze für Pferde**, KOSMOS 2020
Wie Sie sanft, aber wirkungsvoll die Gesundheit Ihres Pferdes verbessern können und welches Salz Sie für welchen Zweck brauchen, erfahren Sie in diesem übersichtlichen Ratgeber. Mit praktischem Extra: Schüßler-Salze für den Reiter!

Ochsenbauer, Ute: **Heilkräuter für Pferde**, KOSMOS 2020
Heilkräuter bewähren sich begleitend zur Schulmedizin, vorbeugend oder als sanfte Therapie bei alltäglichen Befindlichkeitsstörungen und Beschwerden.

Ochsenbauer, Ute: **Homöopathie für Pferde**, KOSMOS 2020
Im akuten Krankheitsfall hilft dieser Kompaktratgeber bei der schnellen und sicheren Diagnose, der Wahl des passenden homöopathischen Mittels und der richtigen Verabreichung.

Sanfte Heilmittel — für gesunde Pferde

96 Seiten, ca. € (D) 15,–

Kräuter wirken bei vielen Krankheiten heilend oder lindernd. Sie unterstützen die Selbstheilungskräfte des Körpers und tragen zur schnelleren Genesung des Pferdes bei. In diesem übersichtlichen Ratgeber findet der Reiter konkrete Angaben, welches Heilkraut er für das jeweilige Symptom einsetzen kann und welche Anwendungsmethode am schnellsten zum Erfolg führt.

Im akuten Krankheitsfall möchte der Pferdebesitzer rasch und effektiv handeln. Mit diesem Kompaktratgeber ist eine schnelle und sichere Diagnose, die Wahl des passenden homöopathischen Mittels und die richtige Verabreichung möglich. Übersichtliche Kapiteleinteilung nach Körperbereichen, Gliederung nach Symptomen und schnelle Informationsentnahme durch tabellarischen Aufbau.

96 Seiten, ca. € (D) 15,–

kosmos.de

Impressum

Umschlaggestaltung von die basis, Wiesbaden unter Verwendung zweier Farbillustrationen von Atelier Bea Klenk/Kosmos.

Mit 7 Farbillustrationen.

Alle Angaben und Methoden in diesem Buch sind sorgfältig erwogen und geprüft. Sorgfalt bei der Umsetzung ist jedoch geboten. Verlag und Autorin übernehmen keinerlei Haftung für Personen-, Sach- oder Vermögensschäden, die im Zusammenhang mit der Anwendung und Umsetzung entstehen könnten.

Unser gesamtes Programm und viele weitere Informationen zu unseren Büchern, Spielen, Experimentierkästen, DVDs, Autoren und Aktivitäten finden Sie unter **kosmos.de**

Gedruckt auf chlorfrei gebleichtem Papier

ISBN 978-3-440-17189-9
Redaktion: Alexandra Haungs
Gestaltung und Satz: Atelier Krohmer, Dettingen/Erms
Produktion: Claudia Frank
Druck und Bindung: Print Consult GmbH, München
Printed in Slovakia / Imprimé en Slovaquie

FSC www.fsc.org MIX Papier | Fördert gute Waldnutzung FSC® C084279